让生活更舒适的
收纳技巧

〔日〕 主妇之友社　著

韩建平　译

中国水利水电出版社
www.waterpub.com.cn
· 北京 ·

Contents

CHAPTER 01

以家庭为例的10种储物形式

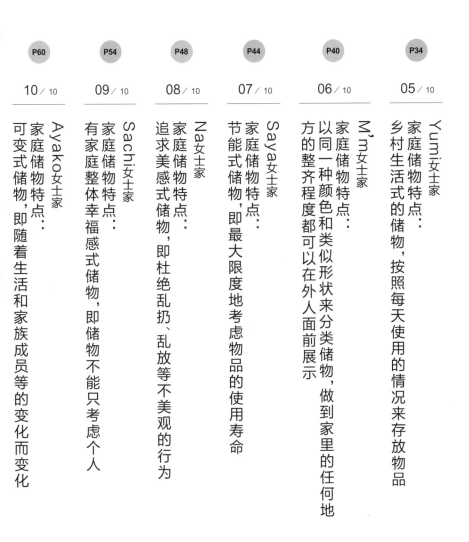

C o n t e n t s

CHAPTER 02

不同地方的储物集锦

Contents

01

以家庭为例的
10 种
储物形式

Osayo女士家

家人：丈夫、儿子（6岁）、女儿（3岁）　住房：独栋

家庭储物特点：
便于寻找式储物，即明确何物放何处

我以前的储物方式有个很大的问题，就是我明知道自己有的物品却不知道放在哪了，或者说我不能从我的储物间里一目了然地看出我拥有哪些物品。后来考虑到扫除、整理的方便，我改变了储物的理念和方式。在日常生活中，要养成不随便塞物品的储物习惯。当然家庭中的每个成员都有自己的个性，随时注意和了解他们取物品时的方便程度以及他们在收取物品时的不便，尽可能改善储物环境也非常重要，当然是要在坚持不随便塞物品的储物形式的基础上进行改善。

▶ 清除物品

这种储物理念首先就是清除一些不常用的物品，但在清除物品时一定不要让孩子们觉得很随意地就把物品给扔掉了。就像我们平常教育孩子一定要珍惜物品一样，对于这些物品，要尽可能地分享给你认为对类似物品有着共同爱好的朋友或是提供给一些竞拍慈善机构。让孩子们知道所有的物品都是值得且应该受到珍惜的。

▶ 收拾物品

这种储物理念将以前储藏柜被塞得满满的，想要的物品看不见也不好拿的情况变成清洁整齐或者把使用频率低的物品作为另类物品来储放。储物柜里的物品都有很清晰的标签，使家庭成员都能明确何物在何处。

储物的方法

设置待改进储物盒

（目的是不随便增加橱柜的物品）

为了既不增加现有储物柜的物品又能有明确的储物改善目标，我们需要一个特殊的储物盒，它存放着你还不太确定或者你需要观察它的使用频率的物品。我们叫它"待改进储物盒"。对于这里的物品，怎么判断它是不是常用必备物品呢？就是在日常生活中尽可能地不去使用它，来看它对你的生活产生了什么样的影响，造成了哪些不便。如果有影响或不便，那么这些物品需要作为常用必需品来储放。否则就可以把它当作被清除的物品。这种待改进的储物盒在我们家的厨房、橱柜、儿童房中都有。特别是孩子的玩具，一旦被放进待改进储物盒，基本就可以被视为将要被清除的物品了。

Box

按有效期的不同，分三个地方保管

经常会从学校或公共场所获得大量的分发物品，我们家会按照有效期的不同分放在三个不同的地方。有效期在一周之内的广告纸之类的物品，一般放在一眼就可以看到的门的背后。有效期比一周长一点的会放入临时保存的类似托盘中。对于有效期再长些的可以放入带索引的文件夹或夹在带摘要的磁贴上。体检预约表、保险单、牙科检查预约等文件也可以用类似的方式一同存放和管理。

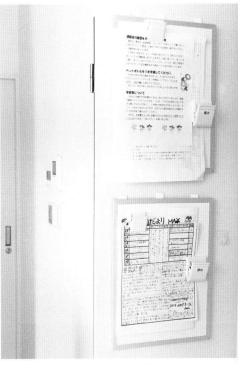

有效期在本周的纸类物品可以用磁条贴在门背后的方式保存，并且过期就将其清除。

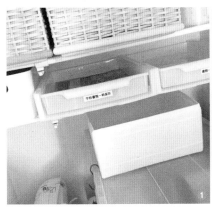

❶"临时保存"的需要半年给学校提供一次的物品或下个月要做的一些事的说明之类的物品，提前放入临时保存盒内保管。
❷一些联络方式、定期用的申请书、治疗证明书等需要保存一年的纸制文件放在文件管理盒中保管。

重要的是：一眼可以找到，不浪费时间

为了不浪费食材，包括冰箱中的食材，用一眼可以找到的储物方式来存放是非常重要的。例如干燥物不放在类似硬式塑料箱里，而是立着放入大袋子里。已经开封的食材可以放入带封口的保存袋中，并封上口、插入两吊棒隔出的空间中（图1），并且可以在吊棒上贴上标签，这样就可以有效地防止叠罗汉式存放时放在下面的被遗忘而重复购买的情况。对于像砂糖这类物品可以选择放入容器中保存，在选择容器的大小时一定注意所装物品的量。

❶一般不太用的珍贵的物品或是有效期比较短的物品可以在吊棒的醒目处贴上带颜色的标签并注明相关的信息。

❷对于一起购买的肉或蔬菜，按照做菜时的使用状况分割切好后放入冷冻室保存。

❸粉状的物品可以连塑料袋一起移到容器中，1.4升按式关瓶盖的四方形瓶子可以把800克的小麦粉全部放进去。最好选择能把想放的物品量全部放入的容器。

Kitchen

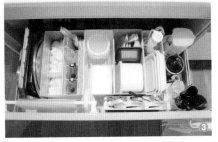

❶冰箱冷藏室的最上端放了4个一样的大酱盒,因为有盖子所以取用和收纳都比较方便。

❷整理了以前在微波炉边上放的调味料盒,现在非常容易打扫了。

❸台面下的抽屉可以用隔板或喝完的牛奶盒作隔板来清晰地分割物品摆放空间,牛奶盒隔板脏了很容易再换一个新的来保持抽屉的清洁。

有效使用一些
不起眼的空间

起居室里会有一些看起来不和谐的悬挂物，它们主要是洗完了却还没有收起来的衣物。以前这类衣物有可能被放在沙发上，这样放一会儿就会出褶了。我在家附近的百元店买了一些很便宜的架棍，洗好还没收的衣物就放在架棍上，这样看起来厅里很不协调，所以就会马上去收拾这些衣物。孩子的衣物洗好直接放入收纳盒中，可以交给孩子让他自己叠好，培养他的好习惯。

Living

Room

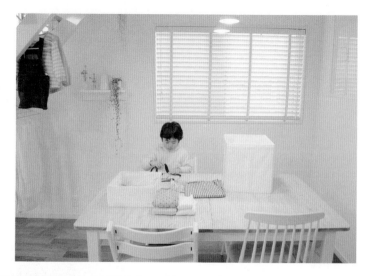

❶把晾在洗衣机边上的衣物放到外面去，西服类的不要折叠放入衣柜，而是应挂在衣架上直接放入衣柜中。
❷在沙发下面放一些篮子，可以放起居室里常用的书、婴儿纸尿布及孩子学习用的、大人工作用的物品，并且用标签标明各个篮子内的物品，这样即使是孩子也很容易拿放物品。

儿童房的
储物

玩具放到
玩具应放的房间

"玩具一定要放回玩具应该放的地方",这是我们的口头禅。当然,这个一开始对于孩子来说是比较难的,即使对于大人来说也不是一件容易的事。把不同类型的玩具收纳盒都贴上标签,一开始和孩子一起收拾并告诉他哪些放错了,一段时间以后孩子按照拼图的感觉记住了各个"物品的房间"。在百元店买的彩色塑料盒可以作为孩子的各种玩具的收纳盒。

❶ 彩色盒上的绘画本放在固定的木制碗架上,这样绘画本既不会倒下来,孩子们收取也方便。
❷ 每一个彩色的塑料盒都是自己组装的。
❸ 一些小物件,为了便于收取和用完后的整理,可以放入组装的套盒中。

中山爱子女士家

家人:儿子(11岁)、女儿(1岁)　住房:公寓

家庭储物特点:
简洁式储物——储物从简,便于整理

　　理想的储物应该有美感,为此我们在储物时应该更多地考虑节省储物空间,使家中拥有更多的空闲空间。同时也要注意,一定要不断清除无用的物品。我们家只有一台小的可携带式电视,按照客厅大小来说应该有一台更大的电视,但是我们家就是我们家的风格,我们是以家庭成员住得温馨为原则。

▶ **清除物品**

对于要清除的物品,如果还可以用,那就送给需要的人或者转让给别人。对于破旧的衣物,分出能用的,尽可能地尽其用。对于非常有用的物品即使有些问题也尽可能地通过整修使其可以继续使用。

▶ **收拾物品**

众所周知,东西越多越不好整理。生活中会有很多拥有后会带来一定方便的物品,但是如果能简单地用别的物品来替代的话,这个物品就不需要再保存了。还有对于一些收取不是很方便的物品,即使留着也会因为不好收取而放弃使用,这样的物品也不需要保存。总之存放的一定是适合我们使用的物品。

旧纸张回收箱

不需要的物品不要拿回家

Box

　　对于即使拿回家也会作为垃圾处理的物品最好在进家门前或进门时就处理掉。报箱里的广告纸、学校分发的物品、包装纸等都属于旧纸张的范畴。在家门口的柜子最下层设置一个旧纸张回收箱,养成一进门就将这些旧纸张直接扔入旧纸张回收箱的习惯,养成这种好习惯对改善储物环境也非常重要。

特别是开放式厨房的储物原则，
应该做到无论什么时候
都可以招待朋友

Kitchen

❶我们家没有碗柜，
我们把碗盘放在橱柜
的最下面，那里靠近
洗碗机，收拾起来也
很方便。
❷我们把微波炉、电
饭煲、电磁炉之类的
都放在冰箱边上，更
方便共享电源。
在电冰箱上放一个
强力吸铁石，将吸尘
器的把手部分吸附在
上面。

我们家的厨房绝对不是
什么大厨房。我们严格筛选
在窄小的厨房中可能存放的
最小量的必需的物品，以便于
清扫。前几天，两个大人和一
群小朋友大概20人在我们家
聚会，椅子不够我们就围坐
在和式桌子边，杯子和盘子不
够我们去便宜的百元店买
一次性的纸杯和纸盘，用完后
打扫起来也不费事。用这种
方式我们可以随时叫朋友来
家里小聚。

篮子的
储物

用结实方便的篮子储藏衣服
和一些形状比较特殊的小物品

为了孩子在家可以有更大的空间来玩耍,我们家的一个房间没有放任何家具。我们准备了天然材料制作的、收取方便的、结实的、看起来很可爱的篮子。这些篮子可以放在大家使用方便的任何地方。不用的时候可以把这些篮子叠放起来,放入壁柜中。儿子的房间也放着这样的篮子,篮子中放着当季的衣服、在学校偶尔用的物品以及玩具之类的,这样孩子拿起来也比较方便。

❶这个竹篮放着现在频繁使用的婴儿尿布和小物品。移动和使用起来都很方便。
❷这种圆形的篮子里放着女儿的玩具,收拾时可以很方便地把玩具扔进去。
❸这是个放要洗的衣物的临时篮子,将它从凉台移到洗衣机边上非常方便。
❹这个篮子存放着穿过一次,但还不用洗的衣服。

儿童房的
储物

定期地与孩子
边沟通边逐步改善储物环境

即使孩子听从父母的整理房间的要求,但是不能想着把整理的事简单地交给孩子自己做,而不加任何指导,孩子就可以自己把房间整理好。也就是说要常和孩子沟通,听听孩子的需求,从而逐步改善孩子房间的环境。

散落在房间里的字典、铅笔、练习本、练习册等经常用的东西,统一放入一个盒子中。第二天上学用的物品准备完后,一定把这个盒子放回储物架上,也就是说睡觉前桌子上一定是干干净净的、什么东西都没有的状态。

Kid's Space

❶有盖子的学习桌里可以放书包、衣物等。
❷从早上起来到晚上睡觉前,一天中必用的衣物放入一个盒子里,这样可以更方便地使用。
❸架子的下端准备几个盒子,每个盒子放着孩子一天中要用的衣物,一般会准备四天的,即准备四个盒子。

主要的储物柜，最好保持只用 70% 空间

Japanese-style room

家中孩子游戏、朋友聚会的场所也是我们晚上睡觉的房间。房间中不放任何大型的家具，所有的储物都必须放入壁柜中。壁柜上端的一排黑盒子中放着使用频率比较低的物品，左边有一根横着的棒，可以挂外套、连衣裙等衣物。柜子下端的抽屉可以放床单、女儿和我的衣物等物品。有规则地放入各种物品看起来会很整洁。房间中的小书架一定不要放满。

❶楼梯下的储物空间放电池、塑料绳、电源插头、发票等一些小物品。
❷需要防水储存的便携式电视、笔记本电脑、充电器等均放入木箱中并安上便于抽拉的把手，这样也可以作为沙发的边柜使用。

玄关的
储物

玄关是我们家的「脸」，
所以一定是干干净净的

玄关决定着一个家庭给人的印象。为了来访的客人、家人和自己，玄关一定要保持整齐、干净和漂亮。

鞋柜的最上面一定要有一个小的抽屉，以便放入日常会用到的笔、钥匙、手电等。还有我们家的主张是用不着的东西一定不要拿入房间，所以在玄关也放有垃圾桶和簸箕，这也是我们家特有的习惯。

玄关扫除用的簸箕可以挂在鞋柜门的背面，这样既方便收取也不影响美观，是一个非常不错的选择。

Nika.home女士家

家族:丈夫、女儿(3岁)　住房:独栋

家庭储物特点:
使用方便式储物,缩短了做家务的时间,
增加了和家人在一起的时间

　　不仅要管理自己的物品,还要收纳丈夫和孩子的物品。常用物品便于收取的理念大大缩短了我的整理时间,自然也就增加了和家人一起活动的时间,这个对我们家庭来说是最重要的。

▶ 清除物品

我们总会有"也许这个东西会在什么时候用到"的想法。但是如果你想让自己的生活更利索,必须从一丌始就放弃这种想法。委弃 些物品或者整理出来使之可以被再利用都是很费事的一件事,为了防止此类事情发生,我们在购物时就应该谨慎和认真地判断。

▶ 收拾物品

一切以使用方便为第一原则,这是个非常单纯的想法。当然看上去的美观和舒服也很重要,由于年龄和身高等的不一样,我们需要保持以使用方便为目标的储物理念,以使家庭的每个成员都能方便的收取物品。还有物品会很自然地以天为单位进行增加,所以在购物时一定要考虑物品的长期使用频率。

整体的
储物

Pantry

家用电器尽可能
放在不受关注的地方

　　微波炉、电饭煲等厨房家用电器最好都放入厨房的储物柜中。这些电器可以考虑放到炉灶对面的架子上,这样可以腾出更多的空间供做饭时放厨具、碟盘等。当然这么做的理由就是让厨房整体看起来很整洁。

厨房

储物时随时考虑哪些应该被看到，哪些不应该被看到

Kitchen

对于厨房应该尽可能地考虑不放任何物品，这样不仅从外表上看着看着利索，还比较容易打扫，可以节约打扫厨房的时间。在我们家，做汤的小锅也都放在冰箱中，这样不会有凌乱的东西一直放在外面。

比较常用的物品可以放在容易看见的地方，比如放在从厨房用品店里订购的架子上。当然在选择这样的架子时一定要尽可能考虑合适的高度，以便把厨房的厨具和碗碟都放进去。

❶把食品都放到白色的盒子中，这样比较整洁，有统一感。
❷将比较小的食品放到比较矮小的抽屉中，这样就不会出现因为放在盒子的最底部而忘了或过了有效期的事情发生。
❸把熟食或做好的食物放入保鲜盒中密封。调整架子的中段，使空间得到充分利用，锅等厨房用具也能放入。

壁柜

洗好的衣物直接连晾衣架一起挂放到壁柜中

把使用频率高的衣服挂在外面好拿的地方，把使用频率低的衣物挂在里面。外面一定要留出一定的空间以备明天选衣服时有足够的调整用的空间。

统一衣架，洗的衣服挂在衣架上并且干了以后直接连衣架一起挂到壁柜里。这样可以有效地节省将衣服从衣架拿下拿上的时间。对于应季而一次也没穿过的衣服，在换季时就应该处理掉。

壁柜的上端架子上的盒子中放着一些使用频率较低的，例如泳衣之类的衣物。给每个盒子贴上标签，以保证即使不打开盒子也能知道里面放的是什么。

用小盒整理书和杂志

Living Room

客厅中的储物空间有可能是使用最频繁的地方。白色的比较薄的盒子会给人轻松和利索的印象。把不需要的物品放到储物柜上部的盒子中，因为将使用频率最高的物品放在客厅中，所以再使用时不会遗忘了它们。

❶照片中上一层盒子放信封、便签、本、杂志等。下一层盒子存放使用说明书及杂志等。❷说明书可以放到比较宽大的盒子中保存，并贴上分类用的凸起的标签。

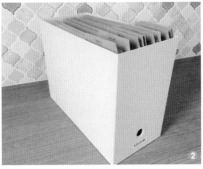

重要的是随着孩子的成长来改进储物方式

我常常听到这样的赞扬:"虽然有孩子,但非常整洁。"当然在孩子的活动空间中会有散落的各种各样的玩具。但是如果很好地安排玩具的存放空间,只要5分钟就可以把孩子的活动空间收拾好,所以不用在意孩子玩时,活动空间变得零乱。

最近在我想帮助孩子收拾时,孩子会说"妈妈不用帮我收拾",我想孩子已经把收拾当成一种快乐了。现在我只要关注着孩子,而不需要帮助孩子收拾了。

❶在盒上贴上盒中物品的照片,这样即使孩子也知道什么东西放到什么盒子中。❷对于孩子叠纸用的文具,为便于使用,可单独放在一个盒子里,叠纸的作品也可以放在里面。数量大的时候可以将原来的打开再叠别的,以此做到纸张的再利用。

悬挂式储物与预防卫生间的潮湿

防止卫生间的霉菌和潮湿,浴液、洗发水以及扫除用具等不要放在地上而应挂起来。

我们家规定最后一个洗澡的人负责打扫浴缸,基本上是我丈夫打扫。我会在最后将下水管处的头发处理掉,并把下水道的盖子冲干净立起来放。每天做这些只要5分钟就够了。每周的周末我会最后一个洗澡,以便对浴室进行一次比较彻底的打扫。每个月我们会用专门除霉菌的制剂给浴缸及浴缸周围可以拆卸的部分都做除霉菌扫除。

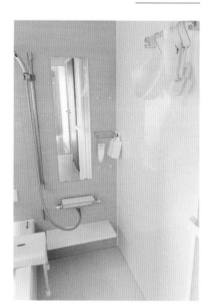

玄关

不要的物品，不带入房间

因为玄关不是很大，所以在墙上设置了壁挂架子。孩子的帽子、雨衣、外出游玩用的玩具都可以挂在上面。雨伞也要挂起来而不要放在地上，这样也可以有效地减少打扫的时间。

为了处理邮箱中无用的广告纸，在玄关设置垃圾箱和剪子，以便在玄关就可以处理掉，而不用带入房间。玄关的储物要充分考虑日常生活中会随时增加物品的情况。

❶在玄关有3个用纸做的储物盒，在最上面的盒子中放有剪子、绳子之类的物品，第二个盒子中放着可回收的牛奶盒，第三个盒子放不要的广告纸等的废纸，这些都是为了保证不把无用的物品带入房间。
❷玄关全景。脚垫的左面是垃圾盒，右面是开门的方向。
❸打开的纸盒的状态。

Ichigo女士家

家人:丈夫　住房:独栋

家庭储物特点:
考虑家庭成员身高式储物——
70%的物品放在大家都够得着的地方

▶ **清除物品**

对于一些你认为废弃了会有一些不安的物品,可以先将其放到不太方便拿的地方,如果半年或一年都没用过,就可以扔掉了。任何东西的备用库存量,最多也就准备一个,如果备用物品被使用了,再把该物品写入购物清单中。这样可以有效地保障不增加多余的物品。

▶ **收拾物品**

我和丈夫的身高有20cm的差距,所以个人专用的东西我们会按照自身的使用方便来放置,两人公用的东西或者互相迁就或者以使用频率高的一方的方便来放置。并且储物时不会放得满满当当的,会以放置储物空间的70%为界限。

Bread bin

面包箱

体积比较小的物品存到面包箱中

　　面包、果酱、咸味的调味品等会经常被使用,而且这些东西可能会被同时使用,所以可以把它们装入面包箱中,一起放到架子上。这样面包不容易干,盖上面包箱的盖子,看起来也很利索。值得推荐给大家。

成就锥体厨房

Kitchen

厨房背面的开放架和碗盘架上的碗盘的摆放尽可能考虑做饭时的方便。比如饭碗尽可能放在电饭煲边上,大盘子尽可能放在开放架的比较正中的位置。我们所说的锥体厨房主要是指站在做饭的地方,不用挪动,想用的东西都可以够得着的意思。确切地说,这种方法应该有持续性,所以与其说取出时关注摆放位置,不如说在收放时注意摆放位置。

❶在放碗盘的柜子使用硬塑料隔板架子,使各种类型的碗盘可以分开放,这样便于使用。
❷我丈夫喜欢的流行的OXO品牌的储物盒,它的密封性非常好,也非常适合分类存放。抽屉的最里端有一个突起的棒,它有效地防止了小盒滑倒抽屉的后面。
❸在柜子的下段放着最近我们以使用一生的想法买的一套柳宗理的不锈钢盆。
❹碗盘的下面是放洗涤用品与调味料的地方。

储物的原则是不用挪步就可以方便地拿到物品

Living Room

因为坐在沙发上肯定是一步也不想动,所以在沙发边的架子上只放坐在沙发上时想用的物品。最上面是遥控器。站着和坐着都比较方便收取的物品放在第二段。第三段是放书和杂志的地方。原则是每个月初把上个月的杂志给处理掉,有用的放入下面的文件夹中,最多保存两个月。过道是每天都要走人的地方,最好不要在过道放任何物品。

❶沙发边上的架子,有限信号线从架子的后面通过。
❷起居室还要有放急救箱的地方,药品的使用说明书放在透明夹中,如将纱布、口罩等放入压缩袋中,会显得比较利索。
❸起居室应该要有空间可以存放如赠品等一些需要临时保存的东西的地方。

抽屉的正面
用不透明的塑料遮挡

作为夫妇平等的我们家来说，壁柜的空间也是夫妇一人一半。一般，常常穿的衣服会挂在衣架上，抽屉的最上面存放内衣。对西服做了一个彻底的整理，因为选择了"尽可能少的西服多次穿"的理念，所以保证了壁柜有更多的空闲空间。

抽屉的最前面用不透明的塑料遮挡板后，提升了统一感。虽然半透明的遮挡板可能会更容易知道里面的物品是什么，但是我们认为看起来的整洁的感觉更重要。为了更明确抽屉中的物品，我们选择了在盒子上贴标签。

Closet

❶穿了一次但不用洗的衣物，放进盒子里。手绢拿出来也放在这个盒子里，有效地防止遗忘。
❷不怎么穿，但是扔了又可惜的衣物可以放在最下面的抽屉中，如果半年到一年都没有穿，那也就没有必要觉得扔了可惜了。

Laundry

洗涤

看起来很统一 洗衣液的罐子都放到一起

洗衣机上面的开放架子上放着洗澡出来时要用的浴巾及扫除用的洗涤剂等。架子的下端放着自制洗涤球、扫除用具、洗衣网袋和收集洗衣机垃圾的网袋。

购买形状一样的替换洗涤液，看起来会更整洁。

洗脸池下面有三个抽屉，上段是丈夫的东西，中段是我的东西，下段放着打扫卫生用的海绵、旧的牙刷等。

洗脸池

Washroom

每人用自己的牙膏，这是看似奢侈的方便

洗脸池上端的镜子后面的储物柜的空间，也按照男女平等的原则来分配，左边是我的空间，右边是我丈夫的空间，中间是公用空间。为了更清楚和方便，牙膏也是一人一支。可能会认为同时用两个牙膏有点浪费，但是早上很忙，很短的时间里，只要开自己那半边的门就可以完成必需的事情其实是件非常方便的事。虽然这些事比较细小，但它是我们家特有的规则。

Chapter_01　**32**

玄关

很坚决地清掉鞋柜的门，
真是一个正确的选择

在日常生活中，不经意间，门口的鞋就会出现了多满为患的状态。收拿拖鞋时鞋柜的门有点碍事，和丈夫商量的结果是把放鞋的鞋柜门给去掉了。这样可以很轻松地守住鞋柜外面只放一双鞋的规则，大家也都养成了随时收鞋的习惯，并且大家也可能注意到，没有门的鞋柜里面也不会囤积湿气，这一点也是我们家玄关改革的另一大收获。

❶鞋柜的上端放着有季节感的鞋子，客人用的鞋子不放在这个里面。
❷玄关的窗下面安装了三连挂钩挂板，可以挂帽子等，非常方便。

收纳扩充

因储物的需要
增加储物用具时，
准确地量好尺寸

为了防止看见合适的储物用具，但因为没带记载着量好尺寸的便条而出现的窘况，最好的办法就是把记载着尺寸的便条拍照存放在手机里，当然也可以存放你感兴趣的例如抽屉的尺寸或其他家具的尺寸等，以便购物时方便使用。

Yumi女士家

家人:丈夫、女儿(12岁)、儿子(9岁、2岁)   住房:独栋

家庭储物特点:
乡村生活式的储物,
按照每天使用的情况来存放物品

虽然不是非常完美的储物方式,但我们是以家庭成员非常清晰、收拿方便为根本考虑的。
以前家庭的储物场所很有限,甚至多一双鞋子也没地方放。

▶ **清除物品**

与其把因为喜欢而买的物品简单地扔掉,不如送给能带给他们快乐的群体,例如像玩具之类的,送给孩子会让他们快乐。不用的小孩床拆解后放入壁柜。对于必须清除的物品,清除前说:"目前为止的一切,谢谢了"也是我们家的家规。

▶ **收拾物品**

如果说每个物品都应该给它指定一个属于它的位置的话,我们为指定位置之前的物品设置一个搁置处,也叫它待定室,家里的每个成员都明确它们的位置和存放什么物品。例如与其在电话里问:"那个东西在哪来着?"不如明确转达说:"客厅的柜子从上往下数第二段抽屉打开取出物品"来的高效,储物做到一眼就能看到。

孩子的衣服

Kid's Item

孩子不穿的衣服
贴标签存放

随着孩子的快速成长,会出现很多穿不了的衣服。洗干净叠好并贴上标签,分放在两个抽屉里。

是存放喜欢的、心怡的东西的好地方

厨房是家庭成员聚集、进屋脱外套、家人活动等多用处集于一处的地方。厨房也常被孩子们叫作妈妈的房子的地方，这也确实是我待的时间最长的地方。厨房背面的壁柜里放着最心怡的物件。从边门可以直接进入我家的院子，大家精心种植的菜都长在厨房外的小院中。因为很喜欢制作小甜点，所以仅仅是糖也有四种之多，厨房台面下专门有一个存放甜点的地方。

Kitchen

❶杯瓶储物处，存放着粉和砂糖类物品。所有的瓶子都用保鲜膜封口，并且都贴了标签，看起来有点零散，但会把常用的放在比较好收取的地方。
❷柜子的下面放着米、洗菜盆、包生鲜垃圾的纸袋等。
❸灶台下的一角。有做甜点的模子、做菜的书和放甜点专用的空间。

起居室

以丈夫的祖母的 嫁妆柜子为主体

　　喜欢睡榻榻米的丈夫和喜欢有坐地感的我有着很强的一致性，我们家的起居室是榻榻米的，这在当今是非常少见的。它是我们家成员在一起，并且各干各的事情的场所。这个房间的镇屋之宝是丈夫祖母的嫁妆柜，是房间最大的储物柜，非常好用。在起居室和餐厅之间有一个书柜，是我父亲的赠物，也是我小时候我们兄妹放书的柜子，现在是我们家最小的孩子放玩具的柜子。

❶这个是我父亲给我的书柜，因为比较老旧了，玻璃门的玻璃万一碎了非常危险，所以在孩子还小时把玻璃去了，为了防尘用布替代了玻璃。
❷在书柜中，只放孩子在起居室用的绘画书、玩的玩具之类的物品。
❸在书柜边上有个篮子，放着小孩用的尿不湿。

丈夫祖母的嫁妆柜中放着常用的药，因为空间大，非常好找，孩子们也能比较容易地找到。

稍微改进一下，也能用于简单的洗涤

厨房旁边的更衣间里严丝合缝地放着柜子。这里放着大家的内衣、睡衣、洗澡用的大毛巾以及洗涤用品。非常喜欢的贴着弗雷迪雷克标签的塑料盒里放着衬衣。在洗涤时有没有常常洗出一些钢镚的经历呢？我家有个小抽屉专门放钢镚，攒的钱可以在夏天买冷饮、冰棍，非常方便、实用。

Dressing Room

更衣间的抽屉。放着内衣、袜子、睡衣等物品。为了孩子也能比较方便地收取，里面的衣物都立着存放。

厨房旁边的洗漱间兼厨房用地非常方便

我们家的特点就是厨房的旁边就是洗漱间兼厨房用地，因为两个房间连着，所以使用起来非常的方便。工匠手工做了一个长板架子，除了设置洗脸池及洗漱用具外，这个板一直延伸到厨房，做饭时也可以兼用。架子下面做垃圾分类，可燃、不可燃的垃圾分类存放地。贴上垃圾收集日的标签，就不用总想着下一次垃圾收集日是什么时候了。

Washroom

在长板下面安一根棒，可以用来挂毛巾。左边的储物盒可以作为毛巾、垃圾袋、化妆品、牙膏等的储物空间。

重视收藏孩子的
值得回忆的事和成长过程

最小的孩子长得比较快，妥善保管孩子穿不下的衣服的方法，就是将同样尺寸的衣物用绳子捆成一包并挂上标签存放。这样可以避免存得太多硬往衣柜里塞，导致每次开柜子时都有凌乱的感觉。还有孩子总是会做一些手工，学校也会有一些绘画作业。对于画在广告纸后面的画，总是会在不经意间给扔掉，所以我会把画一张张贴到废本上以便保存和今后的观赏。

❶这是穿不下的衣服可以像图中这样保存在盒中。
❷带盖子的完整的纸盒，每个孩子都有一个。用胎毛做的婴儿笔、脱落的肚脐、小鞋、幼儿园的毕业证书等，存放着有纪念意义的东西，到了他们成家时可以带走。
❸在废本上贴着的孩子们的画。虽然不想增加更多的东西，但能给孩子们留下美好的回忆更重要。

Album

相册

充满了我们家
美好回忆的照片

在我们家二楼的拐角处的柜子,是我们家存放照片的地方。不知为什么这么快,照片已经存了这么多了。照片放到相册里,贴上标签,很方便就能够按时间和人名找到照片。顺便说一下,柜子下格里放着要经常读的杂志,杂志的数量很容易多起来,我们家规定此处只存放固定数量的杂志。

Entrance

玄关

因为空间比较大,
玄关很利索

由于玄关的空间比较大,所以它显得很利索。内侧放着书,正好可以把吸尘器等遮挡住。架子上放着小毛巾、纸巾、护唇膏、防晒油等。玄关还放着会让人惊讶的装饰品。架子的上段还放着如果朋友需要就可以送的物品。

M'm女士家

家人:丈夫、女儿(8岁、6岁)   住房:独栋

家庭储物特点:
以同一种颜色和类似形状来分类储物,做到家里的任何地方的整齐程度都可以在外人面前展示

受到以美来储物的想法的激发,有再小的孩子也好,没有时间也好,储物时一个最简单的理念就是储物也要有幸福感。目标就是家里的任何地方打开给别人看时都不会有窘迫感,也叫可视化储物。

▶ 清除物品

不冲动购物,购物前认真判断是不是真的需要买,做到同样的东西不重复买。尽可能地避免丢弃物品。正因为这样,不把物品当作废品丢掉,让"丢弃"成为"得到"是我们的生活宗旨。

▶ 收拾物品

以颜色和形状分类存放物品可以做到无论你打开哪个柜门,看到的都是具有美感的排列的物品。还有在购物时,物品拿到手的那一刻,就已经决定了它的存放位置。所以在最后结账前,一定再一次确认是否有必要购买它。

Pantry

易清洗
储物盒

用易清洗的储物盒
来细分物品

　　这样分类简单,并使储物具有统一感。特别是厨房的物品表面比较容易脏,所以选择易清洗的盒子。对家庭中大家都要用的物品,在存放盒上贴上标签。个人用品的存放盒就没有必要贴标签了,我认为这样看起来也会非常整洁。

厨房

完全统一的颜色,
是看起来非常美丽的窍门

所有的物品简单统一,把调味料换成统一的瓶子。对于多颜色盒子装的保鲜膜和铝锡纸之类的都装入统一的专用盒中,再贴上标签。灶台下面存放密封比较好的容器、瓶子及厨具。很想按照储藏师资格认定中学到的,储物只占用储物空间的80%比较好的原则来做,但其实做起来是有难度的。

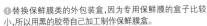

❶替换保鲜膜类的外包装盒,因为专用保鲜膜的盒子比较小,所以用黑的胶带自己加工制作保鲜膜盒。
❷❸冰箱里放的调味料和调味汁都放入调味瓶中。油和酱油放入软容器中,各种调味料都放在分割格里,这样开关冰箱时不会碰到。

Kid's Space

告诉孩子收拾好了，
心情就好

女儿们的玩具基本上会很及时地收拾到微笑储物盒中。用希尔巴尼家族的玩具储物用品作为椅子来使用。一般是像左边下方的照片所示的状况。因为是女儿们自己的房间，所以不去说"收拾好"这类的话。偶尔她们也会收拾，并感慨干净的房间会带来好心情，每当这时我也会因为家里收拾得干净而被她们表扬。

摆放在这里的我小时候收集的希尔巴尼玩具也很扎眼，储存这些玩具是为了一直能让孙子辈都玩到，保存得非常用心。

被褥

Visitor's Futon

用不同颜色来区分
冬天和夏天的被褥

我们家的壁柜不是很深，被子不叠四折就放不进去。所以客人用的和非应季的被褥会被放在旅行袋中放到柜子的最里面。有4套客人用的被褥，用的是棕色的被罩。它的右面的塑料软行李袋里装的是毛巾和盖桌炉的被子等。冬夏的被褥用不同颜色分开后非常容易辨别。

将鞋子放到纸板的
简易盒中

　　一直在寻找合适的鞋盒时，发现了纸板的可爱的米奇花样盒。当然高筒的靴子和男士的皮鞋是装不进去的，但是儿童鞋和女士鞋及女士的运动鞋是可以放进去的。买了大量的这种盒子，放在壁柜的最上面，并贴上标签，一眼就能知道是谁的鞋子，其他的鞋子放在托盘中，防止弄脏柜子。

在洗漱间这样窄小的空间中储物，
是需要智慧的

　　洗脸池的下面可以放浴液、洗衣液、吹风机以及牙刷盒和隐形眼镜的用品、浴缸用具等比较软小的物品。放在洗面镜的柜子中的美发用品和化妆用品统一用不同颜色来区分开。还有镜子的背面用双面胶贴着，百元店买的挂钩，作为放首饰的收纳处。

右面的带盖子的纸板盒可以放丝袜之类的软小的物品，既防潮又防水，非常方便。

Saya女士家

家人:丈夫、儿子(4岁) 住房:独栋

家庭储物特点:
节能式储物,即最大限度地考虑物品的使用寿命

储物储的是一生的物品,尽可能地在不同的地方轮回使用,这也是在购物时决定购买物品的重要条件。购物时养成尽可能最小限度地购买物品的习惯。我到现在还在犹豫要不要增加一套我特别喜欢的北欧餐具呢。

▶ 清除物品

扔掉还能用的物品是一件很艰难的选择,所以说丢弃物品也需要决心。因此我们要用"尽可能地少扔物品"的概念来购物。穿旧的衣服和用旧的毛巾可以做成抹布等,总之尽可能二次、三次再利用后再丢弃。

▶ 收拾物品

为储物而愁的是刚结婚时,当时住的公寓没有更衣间和洗漱间,只有两个可以储物的地方,那时候的环境只允许购置最低限的必须用品,也曾经尝试过快乐购物失败的经历。所以至今还保持着单纯的使用方便的购物方式。

起居室

只设置孩子用的
换衣空间

因为儿子入幼儿园了,所以在起居室为他设置了一个换衣空间。在换衣间的架子下面的盒子里放着幼儿园的制服、体操服及鞋子和手圈之类的物品。养成了前一天把第二天要用的物品都放入这个盒子中的习惯,时至今日儿子都会自己在前一天就把第二天的用品准备好。这对于孩子来说也是一种成长。

起居室的换衣间。架子的上面放着从幼儿园拿回来的手工作品和一些充气的物品。

厨房

有效利用可组装的储物用具，做立体式储物空间

Kitchen

关于厨房,边参照储物标准边试着做,有很多失败的地方。但总的来说就是尽可能地细分类、确定物品的摆放位置。所以采用了可组装的储物用具。吊柜的门用活动抽拉板向上抽拉或横向打开,柜子的下面设置挂垃圾袋的地方。大一点的柜子可以放洗漱间的类似体重计这样的大物件。这样的可组装的柜子在我们家到处可见。

❶立柜的最底部可以存放食品和消耗品,一般家里的常用包、账本和药等也保管在此。
❷调味品等细分后放入小收纳盒中。
❸柜子下面的抽屉里放着扫除相关的用具,左面放着各种分类用的垃圾袋。
❹每天做盒饭时要用的小的锥碗收拾到一个盒子中。
❺最下面的可推拉的柜式抽屉式的垃圾桶上贴上标签,明确分类。

Closet

壁柜

壁柜中挂着应季的衣服，一目了然

壁柜的右面是丈夫存放衣物的空间，左面是我的。挂出来的衣物都是应季的衣物，它们挂在衣杆下的衣架上，这样便于收取。非应季的衣物均放在下面的储衣盒中。衣架用的是宽肩衣架，这样肩部不会起褶，穿上更舒服、美观。

儿童房

Kid's Space

考虑快速变化和成长的储物方式

对于还不需要独立房间的4岁的儿子来说，将他的非应季的衣服、不玩的玩具、穿不了的衣服，以及一些活动用的物品等放到预备给他长大后的独住房间的壁柜里。给孩子和大人用的是一样的柜子，这样孩子长大后也能很清晰地知道什么盒中装什么东西。

Washroom

洗漱间

用开放式架子存放一些小物件

洗脸池的旁边的开放式架子使用起来非常方便，并能给人强烈的生活感，适合存放一些小物件。架子的下层放置了一个放小毛巾的篮子。架子的上层可放一些镜框和化妆品。牙膏用挂钩加别针夹着存放。

Accessories

❶便于收取的多宝阁盒，存放缝纫用具也用同样的盒子。❷常用药和生理用品放入多格布盒。这种布盒的插袋正好可以放小圆药盒和体温计！

小物件

小物件分类放入小盒，想用时移动小盒

家用药存放在多格布盒中，既轻便又好拿，一旦紧急情况需要用，非常方便。另外，不能随便让孩子动的物品，例如剪刀、胶水、彩色笔等也用多宝阁的盒子来存放。一般都放在小孩拿不到的地方。

Papers

书类

合理的存放就不会有「那本书在哪」这样的问题

书和使用说明书放入书类夹后，连书类夹一起放入书盒中。对于每一个文件夹用像图中的竖标签来标识，这样既可以清晰地分类也便于识别。自从这么做开始，我先生再也没有问过"那本书在哪"之类的问题。

Na女士家

家人：丈夫、儿子（9岁、7岁）　住房：独栋

家庭储物特点：
追求美感式储物，即杜绝乱扔、乱放等不美观的行为

原本就比较喜欢室内装饰，在做好家务和照顾好孩子之余一直在考虑一个问题
"能不能更有效率地生活呢？"
取得了整理储物咨询师1级资格以后，
自己更是实践着家庭的结构化的持续储物。

▶ 清除物品

孩子的作品在快乐地展示完之后只保存照片。与其想着是"扔东西"不如想成是"存下了照片"。衣柜里挂的衣服依据穿的频率来排列，衣架的个数固定。如果衣架不够就把穿着频率低的衣服处理掉。

▶ 收拾物品

整齐的收拾与保持是同等重要的。以家庭成员都能尽可能方便的方式来储物，比如降低物品的存放高度，可以去掉盖子的就把盖子去掉等方法。

起居室

Living Room

为了不影响室内的装饰风格，选择与家居环境相称的垃圾箱

　　起居室的垃圾箱如果放在不起眼的角落里，不方便扔东西。为了让垃圾箱放在明处但是又不影响房间的美观，我们家选用了和纸做的纸盒作为垃圾箱，保持室内装饰风格的协调统一。这种纸盒非常结实而且形状还可变，使用起来非常方便。

厨房

用类似的容器或盒子提高整体的一致性

使用的盒子要尽可能统一，里面的东西按类放置，但不必太细分。只要感觉一眼看去很整齐就可以，这也是我们家的规矩。橱柜中放的是在百元店买的盒子，里面用北欧风格的布装饰，杯子的周边贴上锯齿的装饰、并立着放在盒子里，感觉既清洁又符合自己的储物偏好，真正做到了快乐储物。

Kitchen

因为厨房壁柜没有抽屉，所以将小碟按形状分类放入盒子里，常用的小碟储放在金属挂篮里。

❶将餐具存放在贴有间隔条装饰的杯子中，既有装饰感又能储物。
❷将背心式塑料袋，手提袋等放入专用的能横着抽取的盒中便于使用。
❸需要干燥的调味品放在密封的保鲜容器中保存。
❹换气扇上的腰盒。不喜欢盒子的半透明壳，因为能看到里面，所以用两面胶在里面贴了一层布，这样从外面看盒子就不会显得不好看了。

壁柜的使用规则如果合适，壁柜也可以奇迹般地出现弹性空间

我家的壁柜基本上是挂式储物，这样即使一些毛绒玩具也可以放得下，而且可以很清楚地看到何物在何处。刚洗好的衣服从左端开始挂起，这样很自然地按穿着频率将穿着频率高的衣服挂在前，穿着频率低的挂在后。把装有穿西服时用的小装饰物的盒子也按照服装的顺序排列，这样既美观又便于分类。

将类似放睡袋、防寒服这种使用频率低的衣物盒子放到壁柜的最上面，因为看不见里面，即使乱放也不会影响整体的美观。

用喜欢的布料来装饰杂乱无章的空间

将洗衣剂等洗涤用品放入容器中，再放到洗衣机上面的架子上，为了更有效地使用水龙头处的空间，追加了一个用两根棒自制的架子，这个架子上可以放吸尘器的小零件和垃圾箱。放吸尘器的小零件就会有一种杂乱无章的感觉，在这里用喜欢的北欧风格花布做了个帘子，既挡住了不好看的空间又让家更有生活感。

❶架子的正面并排摆放的板上放着打扫宠物空间的清洁剂、柠檬酸等扫除用具，这样还能有效地挡住洗衣机的管线。
❷用专用的隔断材料做成活动的，费用也很低廉！

游戏

Game

在起居室做了一个儿童的游戏空间。游戏机的主体放在篮子里,其他的游戏用品放在胶皮袋中。因为它没有一定要盖上盖子的需求,只要放进去就可以的储物方式,操作非常简单。使用像篮子和胶皮袋这样具有很强的家庭装饰效果的用品,用在起居室非常合适。

因为游戏的主体放在开口的篮子里,充电非常方便。用高度高一点的篮子更能使里面的内容不易被看到,这也是保持环境整洁的重要的一点。

Printer

打印机

放在带轱辘的架子上,必要时可以移动

打印机虽然不是家中需要常常使用的物件,但是在打一些必要的资料时它是必需品。放在起居室的明处会给人一种不协调的感觉,所以将它放在从正面看不出来的、最下面的架子的里面。挡板是前开式的,放打印机的架子下面有轱辘,做到需要时即可移动收拿。

孩子的
教材

因为利用率最高，所以要放置在最显眼的位置

我们家的储物一般都是"诶，这个放在这怎么样？"来决定物品存放位置的。孩子的教材放的地方也是这样的,首先将孩子的教材放在起居室的一个角落的书包里,孩子回到家只要往里一扔就可以了,孩子也轻松。再者,将教科书和学校的用品放入饭厅的背面的储物柜中,下班回家在很短的时间里一边做饭一边就能为明天做准备,对于母亲来说非常适合。

❶左右两面能让两兄弟的教科书和学校用品分开存放,对应的课表也在盒子上贴好标签。
❷柜子背面也有一个储物空间,不想放太多的杂物,所以这里只放前一年度的教科书。

买苹果的箱子被再次利用,用笔注明,作为孩子放书包的地方,并且为箱子安放了轱辘,这样便于扫地时移动箱子位置。

抽拉
纸巾

为了大家都比较方便拿取，抽拉纸巾放在了餐桌下不起眼的地方

抽拉手纸每天都会被频繁使用，有个固定的存放地会使家人的生活更便利。我们家是把抽拉纸放在餐桌背面固定的"工"字形的塑料架子里。家人围坐在桌边时都能很方便地拿取，并且还不起眼，使餐桌显得更整洁。

将抽拉纸巾隐藏在桌子背面的能卡住纸盒的架子里，不会一眼看到抽拉纸巾盒，更显环境利落。

临时储
物空间

为了更好地空出常用物储物空间，设置一处临时存放空间

是不是会有突然收到的礼物没地方放，要清理的物品还来不及清理的时候呢？我们家在起居室边上的壁柜一角设置了一个一般情况下总是空的临时储物空间。暑假期间，孩子们拿回来的练书法的用具、绘画用具等也可以放在这里。设置这样的弹性空间，可以有效地防止物品的过多造成的零乱感。

Sachi女士家

家人:丈夫、女儿(10岁)、儿子(4岁)　住房:独栋

家庭储物特点:
有家庭整体幸福感式储物,即储物不能只考虑个人

虽有网站和博客等,但受网络阅读时间的限制,情报来源也会受限,所以会出现"真的是自己喜欢的物品吗?""有了它,我和家庭成员会幸福吗?"的问题无法判断的时候。其结果是丢弃可能让自己减负的物品。

▶ **清除物品**

信息过剩的时代,对于我这种意志薄弱者来说,如果过多关注,会让物品无意间增加,所以要随时区分是"我喜欢"还是"日常生活"需要。只有这样才能明确哪些物品应该被丢弃。

▶ **收拾物品**

对于喜欢拥有诸多但不去使用的我来说,重视各个物品在不同的房间都存放一些,以保证使用上更方便。选择储物的前提是"这个物品的存在真的能给我和家人带来幸福",而不是靠一个人的喜好来选择物品。

应用
系统

Application

用系统来管理
给孩子分发的物品

以前幼儿园或学校分发的物品,我喜用用纸记录的方式管理。2年前开始,我发现用手机备忘录管理更为方便、快捷,可以按人管理,按日期排序,还可以设置提醒,有效地防止遗忘。

重视效率和清洁，
是储物中最重要的

对于厨房的抽屉，我都会有放置各种炊具的冲动，我以前是抽屉的每个隔断会放两类物品，然后就把各种各样的东西都往里放，这样带来的后果是各种炊具会磕磕碰碰，找东西就像发掘一样困难，非常浪费时间。做饭最重要的就是速度，后来我改成每个隔段只放一类物品的储物方式，找东西时效率非常高，拿东西也很快。

Kitchen

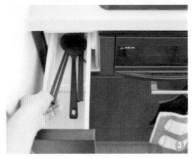

❶每个隔断最好只放一类物品，最多放三个。
❷像蜂蜜这种比较容易漏的液体，要放在一个比较好清洗的不锈钢盒中。
❸组合抽屉的边上的长条隔断原来放着香料，跑到最里面的香料就不好拿了，这里把它换成放木勺和筷子的地方，这样会很好拿。

一根棒加一个隔板，分隔出了放置西服的空间

日子久了，西服会在不经意间快速增长。所以我们家对西服的储存空间有严格、不可动摇的规定。我和丈夫用一根棒和一个隔板将西服空间严格限定好了。西服的量不会轻易增加，并且有了定期做调整的空间。孩子的衣服的存放是以自己可以找到并且好收拿为前提的。在每个隔断中安上接头，把T恤和裤子等衣服分开。

❶在隔板的上面设置了穿过的衣服的放置空间。

❷丈夫的不同季节的衬衣等，不能特别清晰地看出来的用绳子挂标签来区分。

❸壁柜内的储放小件物品的地方，我们家是在实践着细分类的原则。因为孩子本来是想找文具，但是一看见放在一起的胶带，可能就忘了要找的文具而拿着胶带玩去了。所以我们家是以第一时间可以看到要找的物品的原则来储物的。

❹孩子在找衣服时会不经意地上下翻得乱七八糟。这样放置衣服孩子也能很好地收和取。

嵌入式壁柜

统一颜色，做到可以随时展示壁柜

客人用的被褥放入收纳袋中。在每一层都加了隔板，再怎么摆也会塌。其实这个嵌入式壁柜的下面放着孩子的玩具，所以来玩的孩子和他们的母亲都有可能看到，因此在每个隔断的前面挂着颜色统一的布帘，这样看起来会很整齐。

书籍类

因去除了临时放置空间，所以马上要来判断是否保留

对于学校的分发物，在进家门后马上确认，厨房边上的位置，常放着笔和剪刀，可用的贴到记事板上，在进家门时就分清并处理好。以前有一个临时储物空间，我总想过一会儿再处理，所以有的时候待处理的事会变得堆积如山，要花很多时间来处理，所以就取消了。

其他的纸类物品。
❶说明书类的物品，我之所以能马上区分要不要，是依靠做过的标签。
❷房产相关的、保险相关的一般不频繁使用的文件，用纸的文件夹来存放。

Kid's Item

孩子
房间

孩子的房间
以能够换心情的方式储物

在孩子的房间中如果把学习
用品和玩具混放，到了学习时间，
可能孩子还在玩。所以在桌子的附
近不要放玩具，做到非常明确的功
能性储物。培养孩子养成明确区分
玩、学习、学校活动的能力。明确在
什么地方就要准备做什么的习惯，
这种能集中精力做事的储物方式
会使孩子有明确的活动方向。

❶起居室储物柜的下面手工
做的放孩子的绘画本和家庭
学习用的文件盒。现在学习
主要是在起居室，所以就放
在这了。
❷孩子的房间的书架上放着
过去用过的教科书和试卷，
过了一个学年不要的就可以
处理了。
❸为了方便准备工作，在女
儿的房间做了一个架子。

洗漱

自制的架子，既明快又宽敞

为了有效利用洗衣机上的龙头的空间，曾经也放过一个金属架，它挡住了洗漱间，唯一的窗户，令洗漱间感觉很蔽塞。所以就去掉了这个架子，换了个令洗漱间感觉明快的储物方式。我们家擦拭的扫除工作是孩子来做的，换了这种方式后架子下面的洗涤用品也更好拿了。

架子上可以存放毛巾和扫除用具。在洗漱架上追加了一个可以斜着放的盒子，存放小的物品。

Laundry

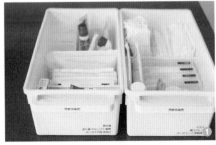

❶左边是口服药，右边是外用药，绷带等放在可滑动的板上。
❷小的类似创口贴之类的没有明确日期限制的物品放入开关方便的小盒中，这种小盒子很便宜，值得购买！

小物品

根据使用的频率和用途调整药箱

以前只有一个药箱，这次分成两个，将类似感冒药这种口服药和类似创口贴这种外用药分开。同时发现玩的开心的孩子会常常使用外用药，按使用频率分开以后，一旦有情况需要用时，能够非常快地处置，这也是这种储存方式的一个优点。

Accessories

Ayako女士家

家人:丈夫、儿子（0岁） 住房:独栋

家庭储物特点：
可变式储物，即随着生活和家族成员等的变化而变化

我们家的储物空间只有衣柜，为了减少家具购置的费用，我们希望储物柜的购置可以随着家庭成员的成长而变化。在储物结构上我们会充分考虑家庭成员的习惯、生活发展趋势和爱好。

▶ 清除物品

对于总是下不了决心扔掉的物品，也不用太发愁，把它放到一边，等待垃圾收集日的到来。一直到垃圾收集日的早上，准备封垃圾袋前，如果没有什么特别的理由就应该处理。这种做法也是利用匆忙的早上，没有深思熟虑地考虑问题的时间这个特殊性。

▶ 收拾物品

原本就没有什么可以大家一起做一件事的时间，所以我们家的储物要充分考虑早晚大家在一起的时间段的使用方便。物品存放地一旦确定了，我们就不要求它的内部整理了。并且我们储物的原则就是，即使不贴标签也能知道里面放的是什么。

杂物盒

"Chaos" Box

与其发愁，不如不急着下结论，让时间给出答案

如果可能的话，我们都期待着一下就能决定物品的存放，但是总会有手头有事忙不过来或是一下判断不了的时候。在这种情况下，我们就可以临时地将该物品放入杂物箱，有时间时再去仔细考虑应该把它放在哪。夫妻双方都可以把自己的人生留恋物、单身时的照片等放入回忆盒中，等盒子满了再将其中不要的处理掉。

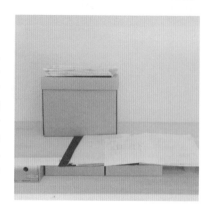

厨房

使用频率高的物品排放在表面，会有美感

因为害怕有湿气，下面的柜子是全开放的，没有柜门。我们夫妇两人都认为不需要为了防尘做任何的遮挡，我们都认为常使用的物品不会沾上灰尘。不用的物品放在那要清洁灰尘的话，不如不要。因为是全开放的，里面的物品也会被看见，看着可能有些凌乱。但我们认为这样也没有什么不好，因为如果看不到就无法知道里面是什么。

❶因为显示器的特殊性，它的表面会很快沾满灰尘，所以不做成开放式储物，把它放在每天都有可能使用的物品的后面。
❷不是每天用的物品放在了下层，为了防止潮湿，把它们放在了不锈钢的金属架子里了。
❸小物品尽可能地放到篮子或盒子里，这样便于整理。

只存放和家庭成员成长有关的物品

我们家做不到每个人都有自己的卧室，所以做了一个大的工作室。在这里可以看书、学习、用计算机、做手工、工作，以及做一些事务性的事。这里为你在你喜欢的时候做喜欢的事情提供一个舒适的空间。在条桌下面的抽屉里放着文具、一些小的电子用品及工作需要的资料等。房间中的架子的设计考虑到所有家庭成员，每个人都有自己的空间。我想等孩子长大点给他们提供属于自己的空间，供他们使用并且由他们自己管理。

Working Room

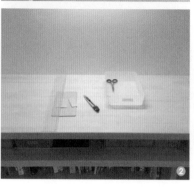

❶和起居室正对着的架子上放着孩子的玩具和画本之类的物品，考虑孩子再大一些后给孩子规划出一部分专属的空间。
❷使用频率高的物品集中放在一起，用时一起拿出，用完了一起放回，这样可以防止拿出不放回的事情发生。

小孩的小物品
收放在靠垫的后面

考虑到整齐和清扫方便,起居室尽可能地少放东西。为了给婴儿哺乳方便,在起居室放了一个小床,小床靠窗台处放了几个靠垫,把婴儿用的棉棒、指甲刀、擦嘴的布等都放在靠垫后面的窗台上。用这种遮挡的办法使房间看起来更整洁。靠垫也不会忘记放回原处。

Living Room

因为哺乳时要使用靠垫,所以孩子用的小物品最好能便于拿放,床边的篮子里只放尿不湿。

Paper Bag

纸包

用来存放没有来得及
定位的物品

曾有"增加的未分类的DVD光盘,应该放到哪"的迷惑,即在还没有确定合适的存放位置时就买了整箱物品的事情发生。所以就有了犹豫时就把它们放在手叠的纸包里,待决定了位置后再拿出去。纸包的口可以封得严一些,这样可以防止进灰,一旦真的脏了,也可以重新再叠一个新的来替换。类似的方法也可以用来进行冰箱内物品储物。

工具

多功能的小家具会很方便

因为孩子的出生,常常会起夜,床边需要有表、长夜灯等用具,需要用小家具来摆放它们,我们用了让起居室看起来很整洁还能放东西的小桌子,这种小桌子在有客人来访时也可以用来当椅子。这种简单的小桌拿到哪个房间也不会碍事,还能在多种情况下使用的多用途小家具非常的方便。

Washroom

洗漱间

严守一个盒子只放一类物品,增强空间整洁感

我虽不太擅长粗犷式以抽屉为单位的分类式储物,但也担心对物品分得过细,会在忙乱中把抽屉给搞乱了。对于鞋子无论是白色的还是黑色的都算一种,放入一个盒子中,再将这些盒子放入抽屉。只要一个盒子放一种,即使直接扔入盒中,也会看起来并井有条。我们家一直在用心打造这种不轻易追加物品、便于收取、具有整体感的储物理念。

CHAPTER

02

不同地方的
储物集锦

Kitchen

厨房的储物

储物的装饰

咖啡屋风格的
吧台式厨房

将糖等调味瓶装入瓶中，放在吧台的玻璃柜中。用仿古风格的物品及咖啡屋自身风格的物品来装饰。因为吧台下面的网状架子以及盒子都用统一风格和规格的物品，所以无论从美观度方面也好，功能方面也好都非常满意。

使用既实用又传统的装饰

这里放着的物品不是装饰品，而是每天都要用的物品。上面的夹板上放着盐、糖，右面的竹篮子是放日用品的地方，这是放置房子主人非常喜欢的咖啡用具的地方。由于这些用具常被使用，即使开放式储存，也基本上没有什么灰尘。

开放式架子也有效地
防止了东西忘收的现象

这是厨房背面的开放式架子。现在可以看到初夏做的梅子酒已经呈现青绿色了。以前曾经有过不记得买了青菜给放坏了的情况，使用开放式架子后可以有效地防止这种遗忘的情况发生。

背面架子上主要放着多抽屉的老式小柜

这里放着做饭时要用的专用筷子、炒铲、取调味料专用的勺子等。与其做很多装饰不如将将常用的物品排列好，这也会有被装饰的感觉。如果能把容器的颜色统一一下会更有装饰感。

按照季节换样子，也是一件很有趣的事

以前就一直很在意把重要的物品放在随手可以拿得到的地方，可以按照此顺序来排列摆放。再有冬天摆放准备热饮的容器，夏天摆放准备冷饮的容器等，根据季节的不同更换物品也是一件有趣的事。

密封度较好的玻璃罐的优势

用密封较好的玻璃罐来存放大米，并把它放在电饭煲的边上。如将意大利面等食材放在玻璃罐中，会很方便地知道剩余量。特别是大米过多地接触空气会被吸干水分，用密封的玻璃罐存放最适宜。

Kitchen

Closet

Sanitary

Entrance

Other Space

Kid's Item

Cleanup

统一颜色使得补充变得非常简单

原本就非常喜欢白色的餐具。无论做什么菜放在白色的餐具里都很适合，并且无论是日餐、西餐还是中餐也都合适，所以用白的餐具非常方便。并且一样颜色的餐具放在架子上也有统一感。如果有破损的需要添加时，找同样颜色的物品也比较好找，这也是一大优点。

立着放碟子更便于收取

因为对餐具很喜爱，看到喜欢的餐具会一个个地买回来。困难的是将不同牌子的餐具落在一起时，会容易放不稳。这里采用了立式架子，将盘子立着放就可以解决不稳的问题。将盘子开放式存放，感觉不错，收取时也会有愉悦感。

防止常用的餐具数量过多

严格挑选常用的餐具，原则上只放这个架子放得下的数量。我们是四口之家，这个架子的量应该足够我们使用了。客人的、季节性的餐具在下面的抽拉柜中。

架子上餐具的上面留
有足够的空间会更方
便收取

一日三餐要用的餐具都放
在开放的架子上,重要的
餐具和上夹板之间一定要
留出比较充足的空间来,
便于方便收取。不仅是我,
丈夫和小孩也能很方便地
拿出和收放。

同一风格的餐具放在一起会有一种美感

餐具架的最里面使用的是丙烯板,随着收藏数
量的不断增加,即使整理,因每一件都很喜爱,
根本无法减少。如能配齐喜欢的风格的餐具,
一进门就会很激动。

像店里一样摆放各制作家的餐具

一看餐具柜就可以找到相应的餐具,并且方便
拿出和收回是我的目标。因为喜欢器皿,所以也
收藏了很多的形状不同的器皿,这也给摆放带
来了一定的难度。我像店里展示的一样,将餐
具排列在干净的空间里。

Kitchen

炊具和刀叉

常用物品放在微波炉周围

每日做饭时用的计量杯、勺子等放在微波炉的后面，用布罩上。筛子、漏斗等的厨具挂在架子上，这个架子是用铝箔纸的轴心和S形挂钩做成的。这样会比放在抽屉里使用方便。

常用的物品放在好拿处

总怕麻烦的我，讨厌收拿常用的物品时不方便，总希望想要的物品就马上拿到手。所以常用的物品放在最方便的背面储物柜的抽屉里。抽屉中拼放着收纳盒。在每天的使用中，我都在探索最好的搭配方法。

买到尺寸合适的刀叉盒

我们家没有能放刀叉的抽屉。刀叉放在旧家具的小抽屉里。希望能找到一个合适的内盒，这样在用时可以直接把整个盒子拿出。终于找到尺寸合适的刀叉盒的时候，有一种"太棒了"的感觉。

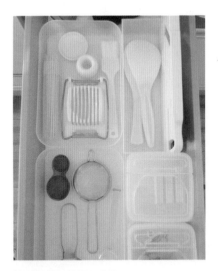

控制摆放件数便于收取

筛选出数量有限的厨房用的各种各样的小物件，放在透明的盒中。图中右下的带盖子的盒子放在洗菜池下面的抽屉里，上下两层摞起来使用很方便。

Kitchen

Closet

Sanitary

Entrance

Other Space

Kid's Item

Cleanup

使用 Seria 品牌的刀叉

将刀叉按种类明确地分开摆放,即便是孩子也能方便的收取。用盛物盒将孩子们的五彩缤纷的筷子放入,给人一种很可爱的感觉。

两个人的生活,这些就足够

如上图,刀叉类的餐具放在一体式的金属篮的盒子里。其他的计量用的杯子、碗和棒类的炊具等也放在里面。这样一来,两个人简单的生活就足够了。

打开柜门时的赏心悦目感也很重要

坚决地撤除了自制的托盘,尽可能地使用买来的收纳盒。中间放小物件。耀眼的银色的盖子,让你在开门的一瞬间就有好心情。

放在孩子也方便收取的地方

刀叉和小碟子的存放位置很重要,有的时候会让孩子来准备刀叉,所以日常用的刀叉放在比较好找,孩子也能方便收取的地方,会减少很多不必要的麻烦。

Kitchen

厨房的储物

锅

**因为锅有锅柄,
所以立着放**

立着放小把柄的锅,比横着摞着放要占地方,但开门一次就可以取出要用的锅,这是它的优势。将锅柄立起来放也可以留出锅盖的摆放位置。

在放锅的上方的空余空间安装两个棒,可以用来放锅盖。锅和锅盖可以同时收取,很方便。

用可以自由调整高度的架子非常方便

为了能把米放到组合架的最下面,毫不犹豫地把货物摆放架的最下面的板给撤去,然后调整到刚好能横着放一袋米的高度。类似大的有点重的不粘锅、使用频率低的蒸锅、砂锅、炸锅等横放在组合架上。

只放能放得下的锅

因为抽屉比较矮,只能放得下这些锅。但对我们四口之家来说已经足够了。当然不太好看的锅也有,也还能用,是不是要换新的还在考虑中。我们家的观点是如果能用就尽可能地使用。

活用文件盒

利用文件盒来收放锅、不粘锅、大碗、短棒等物品。初春的时候撤换文件盒的同时减少了一些锅。现在用的锅和不粘锅摞着放在同一个文件盒中。

这种文件盒的开口是斜切式的。前面的空间会更大一些，收取都很方便。

因地制宜斜着放

对于我们家的橱柜，如果立着放锅，柜子高度稍微欠了一点。根据不粘锅的使用说明做一些调整，使之可以斜着放。这么斜着放，收取时和立着放时一样的方便，而且还满足了橱柜的高度限制，达到了立放和横放的有机调整。

不粘锅和其他锅都立着放

对于很多家庭来说，可能是不粘锅立着放，其他的锅都横着放。但我们家是所有的锅都立着放。不粘锅的把手之间会有一些小的空间，我们将不常用的调味料瓶放在这里。

Kitchen

Closet

Sanitary

Entrance

Other Space

Kid's Item

Cleanup

冰箱（冷藏室上段）

讲究自制调味汁

冰箱的上段也兼作我们家的干货存放地，干面、粉状物、意大利面等都放在冰箱里。这里还常备了凉菜调味醋、柠檬汁等的调味料，这里的凉菜调味汁也是自制的，它没有任何的添加剂，也很合全家人的口味，一举两得。

用收纳盒彻底整理冰箱

上段的收纳盒中放着奶酪、纳豆及应季的物品。第二段收纳盒中放着砂糖、盐、面粉等。因为盒子是透明的，所以物品的剩余量看得非常清晰，很实用。只是这种透明的盒已经不好找了，有点遗憾。

把调味料的盒换成了比较有档次的带标签的瓶，听取了大家的意见，把标签上都标注了物品名称。

牛奶和豆乳品的盒子颜色鲜艳，有鲜活气息，所以我们家为这些盒子配上了袋子。

用饮料瓶来存放干的物品

试着用设计精美、颜色协调的饮料瓶来存放干的物品，使用方便，看着也很舒服，感觉不错。冰箱中间的饮料、酸奶类的，黄油、奶酪类的，纳豆、小吃类的食物均按类确定位置，分类存放。

喜欢使用不容易残留味道的搪瓷容器

上层左边的盒子放着腌菜的糟糠,侧开口的搪瓷容器中放着香料和坚果类的物品。搪瓷的罐子既不容易残留味道又好清理,也是存放菜品的好容器。

祖母教的:冷藏室是第二保险柜

作为一个家庭主妇,冰箱是每天最常光顾的地方。所以祖母告诉我们说"冰箱是第二保险柜"。物品分类放入盒中,盒的上、下间隔尽可能地一致,这样放起来会舒服。

根据需求调整高度

我们家的调味料基本都放到冰箱里。用瓶子放的调味料集中放在浅盒中,用袋子放的调味料为了防止撒漏集中放入比较深的盒子中。虽然也要考虑美观,但会优先考虑使用方便。

用盒子来存放物品更便于清洁

冰箱内用盒子来分类存放各种物品,并贴上自制的标签。但应不应该把食品放入盒子中,这件事是有争议的。不过将食物放入盒中会让冰箱看起来更整洁,我喜欢这种方法。

Kitchen

Closet

Sanitary

Entrance

Other Space

Kid's Item

Cleanup

冰箱（冷藏室下段）

用牛皮纸袋放蔬菜

蔬菜盒是非常容易被搞脏的，比如脱落的洋葱皮等。所以可以用牛皮纸盒与聚丙烯盒搭配使用来放蔬菜。蔬菜立着摆放可能保鲜效果会更好。去掉上面的滑板以确保聚丙烯盒的摆放所需要的高度。最前面空出的空间可以放白菜和圆白菜等比较占地的蔬菜。

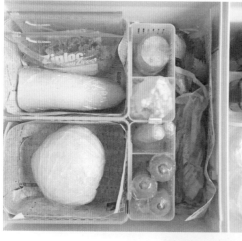

报纸可以除湿、保温、除臭

用盒子分类放置各种蔬菜。蔬菜尽可能地立着放。对于圆白菜可以掏掉芯用打湿的厨房用纸包好存放。切掉白萝卜的叶子，当然在尽可能地让蔬菜能保鲜更长时间的前提下来进行存放处理。蔬菜盒里铺上报纸可以做到除湿、保温、除臭。

在滑动架中也用盒子把各类蔬菜给区分开。这样能避免蔬菜间的磕碰而损伤蔬菜。

Kitchen

Closet

Sanitary

Entrance

Other Space

Kid's Item

Cleanup

一定要重视吊柜的使用

用不变形的带抓手的塑料篮子来做储物用具。以前是用看着舒服的材料做的、贴着漂亮的标签的篮子作为储物用具。现在优先使用大家都没见过的吊柜,因为查找方便,使用也方便,所以使用起来很有愉悦感。

细分类并定期调整

吊柜的上段放着做蛋糕的用具等使用频率比较低的物品和洗洗涮涮时用的桶。吊柜的下段放着一些带盖子的盒,物品分类放在其中。几个月对盒子进行一次清理和调整。

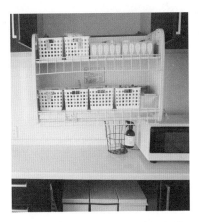

能看见里面的储物盒,用起来正合适

将速食调味颗粒、罐头、干虾等物品放入盒中,再把这些盒子放到可移动的吊柜里。盒子有标签又是网格的,正好能很容易地看到里面放的是什么。

Kitchen

厨房的储物
下段抽屉

厨房的日用品
均放在盒子中

将超市的购物袋、海绵、抹布等厨房中常
用的日用品分类放入盒中。为了让透明
的聚乙烯袋子和排水槽用的网好拿,也将
它们放在专用的盒中。

下段是搪瓷容器的
储物空间

搪瓷容器既可以放在电子加
热器上加热,也可以保存加
热食品时使用。例如替代装
饭的盒子,作为烤蛋糕的用具
等,各种各样的场合都可以
用。大的小的可以摞着放,非
常好收拾。

选白色和黑色的
电子厨具

在水槽下面的抽屉里立着放
着的盒子。当然还放着其他
的厨房用具及白色的或者黑
色的厨房小电器,选用白色和
黑色小电器非常重要,因为只
要将统一了颜色的物品排列
在一起,就会有一种自然的整
齐感。

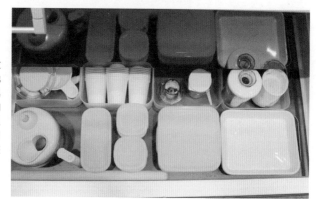

Kitchen

厨房的储物

洗碗池下部

Kitchen

Closet

Sanitary

Entrance

Other Space

Kid's Item

Cleanup

尝试不浪费空间的储物方式

水池下面稍不留意就会搞脏。我们家的水池下面是柜门式的,当初以为空间比较大,想着充分利用空间什么都放,使得此处储物比较乱。现在用文件盒立着来放物品,可以摞起来放,很方便,还可以把锅也放在这里,但是这种方法我还在试验中。

水池下面放着常用的锅和筛子

在灶台及水池子下面,定位存放常用的锅和筛子等物品。用开放式柜子来放物品,虽然表面上看很容易落灰,但是如果看见有灰了就打扫,就不会像封闭式的柜子那样容易存灰,也算是一个优点,使用起来心情会很好。

水池下面主要放着酿酒的瓶子

这样做是从自制梅子酒开始的,把买来的合适的瓶子酿上酒放在这里,让这个空间有一种可爱感,并且也很方便。后来就不断地追加,不知什么时候聚集了这么多瓶子。有的瓶子中是宠物的粮食,密封非常好,不容易进湿气,很干净。

给大果酒箱安上轱辘

给大的果酒的箱子安上轱辘。果酒箱比较结实，放罐头等比较重的物品比较合适。因为是有轱辘所以能够很方便收取。大盒中放上百元店买的硬式的聚丙烯盒子，会更有清洁感，使用起来也方便。

能防止过期的好用的封条

密封食品开封后最好放在一个带滚动封条的袋子里，在封条的尾部贴上保质期限，以免遗忘。对于颗粒状的速食调味料不仅立着放，还要用长板式的塑料夹夹上，这样便于收拿。

用压盖箱存放干燥物品

喜欢用压盖式盒子存放干货和速食物品及罐头等物品。因为与水池下面的抽屉的高度一样，最里面也可以放。在盖子上贴上标签，一眼就能知道什么地方放的什么东西。

用卡式盒子来存放调味料

为了区分餐桌上和厨房里使用的调味料。用卡式盒子来放餐桌上的调味料，这样可以整体收取，用餐完毕后可以非常方便地放入冰箱中。

用眼镜盒来放调味料很方便

每次抽拉抽屉时，调味料的瓶子都会磕磕砰砰。用眼镜盒来分割它们，特别是放一些小瓶很合适，可以两列并排放着调味料。

Kitchen

厨房的储物

厨房小物品

Kitchen

Closet

Sanitary

Entrance

Other Space

Kid's Item

Cleanup

把急救箱放到卡箱

这是急救箱,有深度、有分类隔板,也可以放药以外的需要整体拿取的物品。我们家在外扎营郊游的时候,研磨咖啡的用具正需要这种可以整体搬运的储物箱。有了它,我们在外面也可以喝到研磨的咖啡了,搭配郊外的景致会更能享受咖啡的味道。

把做盒饭的用品统一放到一起

自制盒饭都必须在很短的时间内完成,小的纸碗、装饰用具等都统一放在一起,这样在做盒饭时可以从一个地方拿到所有的用具。在小盒中分类放好这些东西,用最短的时间可以拿到需要的用具是非常重要的。

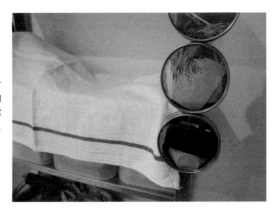

放自制盒饭时用的物品的小磁性容器

把做盒饭用的小纸碗、区分栏片等物品放入磁性粘贴小物品的存放容器中,因为有磁性,非常方便存放,使用时也非常好找,用完放回时操作也非常简单。

扫除用具

打扫厨房用的物品
统一放在一起

打扫厨房用的用具与其分散放置,不如集中放置。海绵、强力去油喷壶、小苏打等各种各样的物品,用小容器分隔,统一放在一个盒中,扫除时只要打开这个盒子就可以。

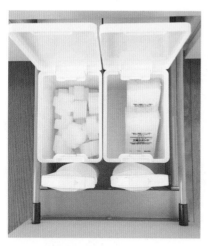

单手开闭的盒子

放三聚氰胺(固态冷却材料)及海绵的盒子。打扫时即使单手被搞脏了,用另一只手就可以打开或者关闭盒子。正因为这个便利之处,洗漱间也可以用这种储物盒。

挂吊式存放控水的功能超强

前面提到在水池内使用的海绵架子,水池子的水会到处乱溅,海绵总不干,会担心有细菌。吊挂式存放会有通风好、总能保持物品的干燥的好处。同样也可以把厨房用的纸巾挂在吊挂式架子的横棒上。

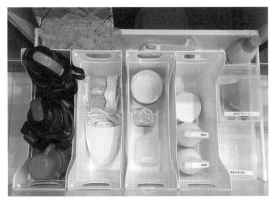

用盒子分割各种类型的扫除用品

因为储物量的问题，在孩子用过的水桶及放厨房小家电等的保存容器中，放入各种类型的扫除用品，最好将这些商品全都放入一个抽屉里面。将各类物品放入不同的分割盒中。因为盒子有一定的深度，所以没有存放各类物品的杂乱的景象。

看着都觉得很可爱的各种各样的刷子

在厨房的墙上，有一根用木棒手工制作的挂架，它挂着各种各样的刷子及可挂物品。这个架子的功能性很强，而且从表面上看这些挂着的物品既可爱又有意思。

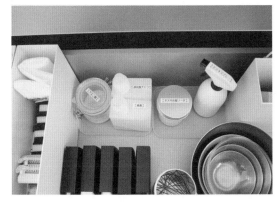

喜欢在厨房用天然的洗涤剂

调味料和扫除用品的存放区域是分开的，连盒子的种类也是分开的。厨房的物品都是一些可食用的物品，所以洗涤用品选用的都是天然的，这样的洗涤剂也可以用在水池子和炉灶周边的清扫工作中。

Kitchen

Closet

Sanitary

Entrance

Other Space

Kid's Item

Cleanup

Kitchen

厨房的储物

抹布和垃圾袋

抽屉里放着各种专用的收纳盒

塑料袋及带封口的保存袋等叠好摞着放到专用的盒子里。将叠好的袋子立着存放,这样便于拿取。因为这些物品看着很相似,所以需要贴标签。

用铁丝制的篮子来储物,比较好把握存放的量

在厨房的背面的开放架有彩色的盒子,我认为开放的储物架便于整理。将买来的铁丝篮子放在隔板下面的固定空间中,用来存放保鲜膜和抹布。

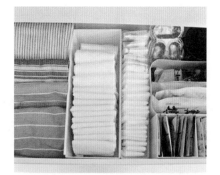

在窄小的空间中存放垃圾袋

厨房的背面没有放茶杯架,而是自制了多个木制长凳,每两个摞着放在一起。在摞着的长凳和长凳之间的缝隙中可以放一些小盘,其中放垃圾袋再合适不过了。

用奶盒折成的储物盒

用奶盒存放物品怎么样?奶盒可以折成各种各样的盒子,我是把用奶盒折成正方形的盒都放入大一些的盒子中,这样方便收取,比起乱扔的存放方式来说更整洁。

自制的简单的
放垃圾袋的盒子

垃圾袋和带封口的塑料袋都是自制的。首先拆开放袋子的纸盒子,打开透明塑料文件夹,按照盒子的尺寸划线,然后用胶枪粘好即可。最后做一个取袋口,透明的盒子就做完了。

擦门的布挂在门内侧

用来挂垃圾袋的门上的挂钩装在门的内侧。垃圾袋和奶盒都挂着放。在抹布的上面放着滚动式垃圾袋,使有限的空间得到了有效地使用。

让抹布和厨房的纸类用品
顺畅地拿取

因为我比较喜欢用抹布和厨房用纸,为了无障碍地拿取,放了一个两层的开放的铁丝架子。布和纸的颜色都统一成纯白的,追求视觉效果储物。

Kitchen

Closet

Sanitary

Entrance

Other Space

Kid's Item

Cleanup

在不断的收拾中
总结出了自己对收拾的感悟

以前认为收纳整理就是扔东西，在实践了数次"扔东西就是整理"的错误理念后，明白了自己的最低限度的物品需求量并摆脱了单纯追求物质的心理，培养了自我需求的理念。

为了买新物品而必须扔掉旧物品，而这恰恰是违反环保原则的一种意识，使我们家切实做到了只增加必需品。

ARATA女士

家庭成员：丈夫、儿子（未满周岁）

住房：独栋

物品的整理在一日内完成
并且只使用80%的储物空间

在决定整理某处的物品时，保证储物量可以一天之内整理完。因为如果拖到日后的话就会出现犹豫不决、影响判断的情况，尤其可能因为物品"太贵重"而优柔寡断。

储物的原则就是充分意识只留最低限度的必需品，且最多只占储物空间的80%。用白色的储物容器存放物品并贴上标签，使家庭的每一个成员都能明白其作用。

Akane女士家

家庭成员：丈夫、女儿（16岁）、
儿子（13岁）

住房：独栋

将犹豫的物品放入盒中
是个好办法

将犹豫该不该扔的物品临时放入盒中，随着时间的推移想清楚了再扔。当然当机立断也很重要，但不能只想着扔，也需要考虑现有物品如何再利用。

现在确定各个房间装饰和空间布置时，考虑如何放置使用起来更方便已经成为了生活中的乐趣。

ARINKO女士家

家庭成员：丈夫、女儿（3岁）

住房：独栋

充分注意标签的贴法，
使孩子一眼就可以看见

以前完全不清楚储物、整理、整顿的做法。但是在建房子的过程中看了很多人的博客和各种各样的书籍，认为要住一辈子的房子还是应该选择最简洁、看起来最清爽的白色作为基调。

因为有三个孩子，在大家使用的储物盒上简单地贴上标签，使大家都便于辨认，也正是有了这些标签，使大家也清楚拿出来的物品该放回何处，使房间变得更加整洁。

Akane.t女士家

家庭成员：丈夫、2个儿子（12岁、
10岁）、女儿（3岁）

住房：独栋

选择能让自己开心的工具

家是家庭成员的放松地，同时也是我的工作场地。因此我决定营造一个既轻松又方便做家务的环境，其结果就是使家成为了自己和家庭成员都能有悠闲感的场所。

购置补充物品时要充分考虑：是不是经过很短的时间就不想用了或是不是可以用几十年等问题。首选每天要用且能长期使用，同时还能给带来愉悦感的物品。

Kao女士

家庭成员:丈夫、女儿（8岁）、
　　　　　儿子（3岁）

住房:独栋

为追求更美好的生活而学习储物

因憧憬简单生活而学习了储物法则。判断物品是否该丢弃的原则就是该物品对于今后的生活有没有必要。这不仅仅适用于衣物，也适用一个季节的物品，认为某物品今后也用不着了的就果断处理掉。

储物中的一个重要问题就是确定物品的储放地，并且熟虑这个储放地确实是处于使用方便的位置。特别是对于物品容易堆积的厨房的储物，更要考虑储存物品的容器的颜色搭配和材质。

Boto女士

家庭成员:丈夫、女儿（20岁）、
　　　　　儿子（17岁）

住房:独栋

只占用储物空间80%，尽可能从里美到外的储物

从对储物有兴趣开始，就从里到外地追求美的储物。我的规则就是储物不要都放得满满当当的，而是放70%~80%。即使打开柜门也有统一感和清爽感。

购物时的规则就是一眼没看中的物品就不买。要有前瞻性的购物理念，要充分想象这种物品自己几年后还会不会使用。

m.女士

家庭成员:丈夫

住房:独栋

严守个人规则，从简生活的心态

日常用品的储物，做到使用没有任何障碍。仅仅关注可见部分的储物，而不关注不可见处的物品的拿取方便性就没有意义了。

另外，必须严守一年不用的物品就处理掉的规则。购物时，即使是必需品，但没有储物空间，也一定要坚守先处理掉现有物品再购买新物品的原则。这样就保证不会增加物品。

Eriko.mkm女士

家庭成员:丈夫

住房:公寓

以营造让孩子舒适成长的环境
为目的的储物

挑选储物用具时,应以在各种各样的场合均可使用,即使不用时也可以折叠收藏为原则。

同时也保证了最小限度地挪动物品。特别是对于需插电及走线等物品的放置,要充分考虑使用上的方便,哪怕是很小的细节的考虑都会给每天的做家务带来便利和乐趣。

现在虽然孩子还很小,我希望的储物能随着生活环境和孩子的成长而变化。

Misa女士

家庭成员:丈夫、2个儿子（4岁、2岁）
住房:公寓

反思储物的本质后的变化

因为储物而有机会认真地考虑"今天的生活有什么不方便"这个问题,考虑怎么才能让自己快乐生活。认识到了储物的重要的不仅是简单地将物品整齐排列好,而是考虑何处应该放何物。

牢记处理物品时的辛苦和罪恶感,确保以后谨慎购物。因而杜绝保留这种,也许什么时候会用得上、等减肥成功了也许可以穿的衣物等。

Mamu女士

家庭成员:丈夫、女儿（6岁）
住房:公寓

用统一的白色的搪瓷、工艺品及
铝箔品营造温暖的家

统一家具的颜色非常重要,我们家基本是以白色的搪瓷、工艺品等为主,作为调节也会放一些马口铁或铝制品,这样整个家就会派生出一种温暖的气氛。

在购物时首先考虑放在哪,什么时候用。想清楚后再购买。例如,买餐具前,想象一下这个盘子是不是在很多用餐场合都会被使用。

Meg女士

家庭成员:丈夫、2个儿子（10岁、12岁）
住房:公寓

Closet

壁柜的储物

Kitchen

Closet

Sanitary

Entrance

Other Space

Kid's Item

Cleanup

只要衣柜里保存足够数量的衣服，就不会感觉换衣服不方便

这是我放衣服的柜子，从左面开始是我当季常穿的衣物。分类摆放的顺序是按照裙子、衬衣、连衣裙来挂放。抽屉里放的是T恤、毛衣、裤袜、内衣等。只穿了一次，不用洗的衣物叠好放在储物盒子的上面。右下图的袋子中放着不分季节的包、披肩类等物品，按季节更替。

装鸡蛋的包、品牌手提包等不能独立地立着的小包都套着放到圆筒包中。

Closet

壁柜的储物

用木棒支撑的 T 形的惬意的衣柜

将嵌入式壁柜设计了一个T形的衣柜。我先生的衣物都挂在这里,在柜子的正中间有一个支撑棒,使得衣柜更经久耐用。衣柜的右面是挂T恤和外套的空间。左边是挂衬衣的地方,洗好的衬衣不叠,直接挂在这里。右下的盒子里放着裤子和小物品等。左下放着我的一些饰品。把不常用的物品放入带拉链的袋子里,以防被腐蚀。

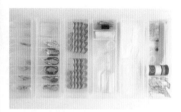

左面的抽屉式的柜子里用隔板细分,每个饰物都立着摆放,非常好找。

将不应季的西服、客人用的被褥等放入储物袋中，方便往上摆。玄关处放不下的不常穿的鞋子也放入鞋盒中储存。

用衣架的颜色
将衣物分类

衣柜的衣架都统一放着很多不带滑棍的衣架。这种衣架的价格也非常便宜。颜色有黑的和米色的。大人和儿子的衣物用黑色的，女儿的衣物用米色的。西服、T恤、毛衣等挂在别处，不同的人用不同颜色的衣架区分开。这样不同的衣物在不同的区域有不同颜色的衣架，非常容易辨别。

Kitchen

Closet

Sanitary

Entrance

Other Space

Kid's Item

Cleanup

Closet

壁柜的储物

右上图是儿子房间的壁柜,平时由他
自己整理,不需要的物品自己处理,
非常省事。

显式存储有效地避免了总买同样颜色的衣物

因为向往极简主义的生活方式,所以把衣服进行了
彻底的整理。即使这么想,对于认为不穿的衣物也没
有做彻底的处理。而是把它们都挂到显眼的地方,这
样就有效地避免了随意重复买一些同样颜色或比较
相似颜色的衣物。质地比较硬的牛仔服和帽子等,挂
在墙上的挂钩上。上面的篮子里放着不应季的围巾、
手套等小件物品。

孩子的衣物基本都用衣架来存储

我们家衣柜不根据季节进行替换，只做应季与非应季的衣服的位置变换。孩子的衣物都挂在衣架上，以前孩子的衣物都是叠好放在抽屉里，为了方便，无论怎么立着放，孩子拿完衣物，整体就会变乱，衣柜总是比较凌乱。这时就想彻底做一番改变，把所有孩子的衣物都用衣架给挂起来。衣架的高度和孩子的视线也比较一致，方便他们自己选衣服。

最后面的架子上放着家电使用说明书、贺年片等星星点点的小物品。把轻的物品放在上面，重的物品放在下面。

Kitchen

Closet

Sanitary

Entrance

Other Space

Kid's Item

Cleanup

Closet

壁柜的储物

全家人的西服都放在一起

在主卧室和预定未来用做儿童房的地方不放储物柜和壁柜,二楼的储物间将所有的储物都集中了。我和我丈夫都喜欢西服,因为场地有限,我们把西服都放到收纳盒中。以方便使用为依据,来决定西服的存放量。这也是我们家的规则。由于把全家的衣物都放在一个储物空间了,为了便于管理,最外面放的是女儿们的,同时我和丈夫的使用空间也是分着的。

储物间的左边是西服,右边放着重要的书籍。松木材质的架子放着缝补衣服的用品及一般不太使用的星星点点的物品。女儿们的衣服会按季节变更,不会再穿的衣物可以当作二手物品转卖。

逐渐改变排列顺序是重点

对于很喜欢西服的我来说,需要定期的整理,但是因为量太大,所以用统一的衣架来提高整体感。西服按项目分类,有层次地排列,即使衣服多也会有美感。架子的最上面放上非当季的西服。下面大一点的收纳盒里放着正式场合用的手包等小的装饰物。因为壁柜比较容易落灰,最上面要选用带盖的盒子。

下面的抽屉里放着内衣、袜子、睡衣等,抽屉下面安上轱辘便于打扫。

像商店那样展示帽子

在非常显眼的正面墙上安装了挂钩,并将帽子挂在上面,感觉就像帽子店的展示风格。最好能挂在稍微高的位置排列好,会更有美感。

Kitchen

Closet

Sanitary

Entrance

Other Space

Kid's Item

Cleanup

Sanitary

洗脸池正面的挂柜

为了有统一感,
将容器置换成白的

以白容器为标准,对于不一样颜色的化妆品容器,均换成一个系列的瓶子,当然标签也要换,这样就会有很好的统一感,及其标准的洗面台。"有时间就换"这个和丈夫约定了数年的事,已经过去了数年,什么时候才能做呢?

柜子中化妆品尽可能地放与试用品差不多大小的物品

洗面壁柜下面放经常使用的物品,不常用的放到上面。在洗面台上最占地方的是我的化妆品,特别是我们家的洗面柜比较小,所以化妆水都买试用品规格的,以保证尽可能少占地方。

总想更多地装饰,
现在就只做到这样

上面是丈夫的物品、眼镜、隐形眼镜用品、发胶等。下面是我的基本化妆品及防晒霜、擦手油、牙膏等。用收纳盒来分类。也常看到比较好的储物方法,但是现在执行的方法感觉还不错,觉得这样也还行。

在镜子后面放女儿的头绳

三面镜柜中,立着放的牙刷。镜子的背面设置的墙袋里放着女儿的头绳。量虽然很大但能很清晰地看到,女儿选的时候也很方便。

在死角的位置放扫除用的商品

我有用吹风机来吹一下洗面台,并随手擦一下的习惯,所以希望打扫用具能放在比较好拿的地方。正好可在洗面台的死角处放一个横棒,把扫除用具都挂在那。

给孩子做专用盒

对于我们家来说,因为孩子已经大了,在洗面台柜子的最下面设置了孩子们专用的盒子,让孩子们自己来整理;再往上一层放着宠物的用品;最上面放着一些其他的物品。

突出有生活感的牙膏

洗面台的柜子中主要放着我的护肤品和护发品。最下面的托盘上作为临时存放带油的物品和牙膏,只是单纯地强调很有生活感的牙膏。

Kitchen

Closet

Sanitary

Entrance

Other Space

Kid's Item

Cleanup

Sanitary

洗漱间的储物

洗脸池下部

**物品都隐放在
文件盒中**

洗漱间最好是用白色的储物用物品,这样来看,比较显眼的就是清扫用的洗涤用品、浴液、洗手液等瓶子了。虽然使用时尽可能放在外观是白色的容器中,但还需要买外观整体是白色的物品,这样存放时可直接将其放入文件盒中。

强碱及柠檬酸等,移放到透明的容器中。这里即使放了各种颜色的物品,但从外观看不出来。

文件盒摞起来放

每周都有可能很慎重地选择便携式盒子,做到和大家使用的文件盒很容易匹配也可以按需求摞起来放。所以有可以用这种盒子的地方就会买。这个盒子方便收取的同时还便于搬运。

浴缸的清扫用具也放在洗面台下面

我不喜欢在泡澡时看到清扫用具。即便想扫除也会觉得不踏实。所以清扫浴缸的用具也放在洗脸池下面的柜子中,并把浴缸用的和洗涤用的分放在不同的篮子中,便于取用。

在考虑视觉的同时
更注重使用方便

丈夫和孩子们用的洗发液、我私用的洗发液、洗浴的肥皂等的库存都是放在塑料隔架中，这样即使稳定性不太好的袋装物品也不会倒。虽然储物时很重视视觉感受，但一开门就可以看到物品并且很方便地拿到。我家以使用方便为前提进行储物。

不同时开两扇门也可以拿放物品

每天都要用的洗涤剂放在左边的文件盒中。右面的收纳盒是储存日用品的。右门开是收纳盒，左门开是文件盒，这种设置可以根据需要开不同侧的门。

文件盒是为了放大包装的洗涤用品。横放的收纳盒是装日用品的。

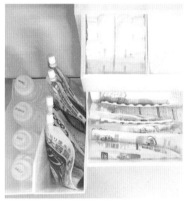

合理有效地利用水管子周围的空间

因为洗脸池下面有管道，正在为空间的利用而烦恼。手工用板子搭了一个两层的架子。买了个托盘，既方便抽取也能有效地利用后面的空间。

孩子的头绳按照孩子的视线来决定挂的位置

洗脸池的下面作为库存品放置处，放着隐形眼镜用品、备用的牙刷、洗涤剂等零零星星的日用品。门的背面安了几个钩子，挂着孩子们梳头用的橡皮筋，孩子们自己可以很方便拿到。

Kitchen

Closet

Sanitary

Entrance

Other Space

Kid's Item

Cleanup

Sanitary

洗漱间的储物

洗面台

**在洗面台的周围用了高和宽
都十分合适的储物用具**

在洗面台和洗衣机之间有一个缝隙,这里
选用了尺寸非常合适的储物车。第一段
放着抽拉式纸巾,第二、三段放着洗手液
和洗涤用品。也许从方便的角度把类似
抽拉纸放在外面会很有生活感,但是收到
储物柜中会觉得更整齐。

父亲和丈夫用心打造的洗面台

我们家是在房子构筑前签的契约,我们取消了原来
预定的洗面台,换成宜家的洗面台来自己改装。用
杂志的存放盒将丈夫的日常用品、我的日常用品及
孩子的护理用品等分类存放。

随着生活方式的改变来改变洗面台

房子装修时,就用了一直向往的马赛克的洗面台。
之所以把水池下面做成开放式的,很重要的一点
就是希望可以根据生活方式的变化来随意地调整
储物方式。最前面的白色托盘放着干燥的浴缸中
玩具。

感谢具有超强储物能力的定制架

单纯说洗漱,好像需要储藏的物品不是很多,但其实仔细想想,存放的各种各样的物品还是很多的。定制了一个架子,解决了一直以来很头疼的这个问题。左面放洗涤、洗衣用品等,右面放毛巾和睡衣等。

毛巾盒与洗衣用品的存放

架子的中段处放着便于收取的篮子,里面放着浴巾。上段放着洗涤用品,下面的抽屉里放着衣架和毛巾。因盒子太深容易变乱,最好用大约18cm高的容器放毛巾。

消除一切零乱感的白魔术

增加了隔板,提高储物架的储物能力。储物盒里放着换洗的衣物和睡衣等。架子的最上段放着粉状的洗涤用品,下段放洗发液、扫除用具等物品。将看起来凌乱的花里胡哨的包装的洗涤用品也放入白色的储物盒,使整体有统一感。

Kitchen

Closet

Sanitary

Entrance

Other Space

Kid's Item

Cleanup

Sanitary

洗漱间的储物
洗衣用品

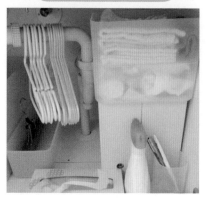

把衣架挂在排水管上保存

我们家的洗面台下面的排水管是倒L形的。我一直就想这个空间能如何利用呢？后来想到可以挂衣架，之后每次要晾衣服时就到这来拿，衣服干了取下衣服再把衣架挂到这来。

用木箱和板子自制储物空间

用别的房间不用的木箱和旧的木板在主卧的一角做个储物空间。因为旁边就是凉台，洗衣的流程是洗完的衣物都会搬到这里然后挂到衣架上，干了再取下，叠好后再各自拿走。

衣架放在文件盒中

把衣架放在文件盒里，这种另作他用的文件盒我们家有很多。将文件盒斜着放，会更便于拿。藤盒中放的是扫除用的消耗品等物品。

迷恋着自制的洗衣板

木制的洗衣板看着很可爱，使用它后孩子们的白袜子洗得更干净了。洗的时候用洗衣液和防皱剂。放化妆水的喷壶被用做熨烫衣服时的喷水壶。

Sanitary

洗衣机上的空间

洗衣机上放置了一个手工架

洗漱间的所有储物架等都选用白色的,在洗衣机的固定空间中放了一个手工架子,将所有的洗涤用品都放在上面。洗涤用品也都放入白色的容器中,这样会显得非常简洁整齐。

带有装饰风格的储物方式会感觉更清爽

用在别的房间使用的两个盒子钉在墙上做了一个挂架,尺寸非常合适。在底板上挂了一根吊棒,用来挂洗涤用品和扫除用品。

窗台上放置了一个宜家的架子

按照窗户的尺寸在宜家买了一个架子。虽然有些担心它的承重能力,但是放5瓶洗涤液、清洁罐都没有问题,并且也不影响窗户的采光,有一种清新的感觉。

扫除和洗涤用品均放到架子上

洗衣机的固定空间里安了一个可调整的架子。在洗面池处有可能用的物品,例如扫除用品、洗衣物品、化妆品、毛巾等全都可以放在该架子上。因为有这个架子,大大地提高了储物能力。

Kitchen

Closet

Sanitary

Entrance

Other Space

Kid's Item

Cleanup

Sanitary

洗漱间的储物

清扫用具

粉状洗涤用品装入甩洒专用容器

架子的上层放着洗衣用的洗涤用品，下层放着扫除用的喷壶。湿纸巾放在带封口的保鲜袋中以防变干燥了！家中扫除用的粉状的物品放在可甩洒专用容器中，非常方便。

去掉储物容器的明显的标签

打扫水池周边的各种扫除用具，集中放在一个铝盘中。椅子背上放着小苏打喷雾器。因为基本上只有我用这些扫除用具，所以不需要在容器上贴标签，因此看起来会更整洁一些。

立着放扫除道具

在餐具架旁边设置了一个可以放扫除用具的固定位置。铁皮的簸箕、水桶、地毯清洁粉等的扫除用具以装饰的形式存放。如果用一样颜色和一样材质的物品，即使只是扫除用具也有可爱的感觉。

最好用简单风格的容器

我们家扫除用具都集中放在简单风格的容器中。这种容器可以组成两种不同的尺寸，卖得特别好，看见了就立刻买了。清扫时不可或缺的小苏打放在了香料罐中（记得贴好标签）。

洗澡间

具有不占地方还可以控水的超群特性

因为不喜欢瓶底湿黏脏的感觉，所以把洗发水、浴液等瓶直接放到毛巾竿上，其他洗澡用的小物品均挂在毛巾竿上。

以方便扫除为优先原则

将洗澡间的储物架改换成杆式可吊挂结构的，既可以放洗发水，浴液，也可以挂清扫用的刷子和抹布，非常便于清扫。

控制储物的数量

洗脸池的柜子中存放着备用的洗发水、浴液、洗手液等日用洗涤用品。根据分类收纳盒中有无空间来决定可不可以再购买。

可切换瓶盖的液体储物瓶

购买液体储物瓶的瓶盖和喷雾头可互换的单色液体储物瓶。它的盖子是可以互换的，这样空瓶可以反复使用。

Kitchen

Closet

Sanitary

Entrance

Other Space

Kid's Item

Cleanup

日常生活中
不可或缺的
<u>储物盒</u>

大创品牌的可以摞着放的储物盒

比较适合存放餐具、手绢等小物品。盒子的尺寸种类比较丰富,可以更贴切家里空间来选择不同的尺寸,盒子是半透明的,可以根据自己的爱好贴上画纸,本色是白的,即使直接使用也是不错的选择。

无印良品的化妆盒

为了使孩子也可以很好地收拾,在盒子的表面贴上可以放入盒中的物品的照片,为了便于确认物品最好选择半透明的盒子,还有一个比较好的是盒子比较轻,拿取比较方便。

宜家的 SKUBB 系列储物盒

正面有可视的窗口,便于寻找。非应季的衣物、自行车的打气筒、园艺工具等各种各样的物品都可以存放。透气性好,不用担心湿气。

尼达利品牌的带标签储物盒

因为盒子不透明,所以可以比较随意地放物品,外观较强的统一感会让人觉得整齐干净。盒子比较轻,即使放在高处拿下来也不费力气。

无印良品的文件盒

统一样式的盒上贴上标签,比如洗涤用品、调味料、烹调书籍等,因为盒子的材质是硬塑料,所以很容易清洗。

Living 品牌迷你储物盒

它可以使柜子的空间被有效利用。标准硬质四方体的盒子,可以存放叠好的衬衣、内衣等。盒子的样式是简单的、纯白的,放在一起,有比较好的统一感,干净整洁。

Flock 品牌的储物盒

如果盖子是正面开关的话,摞着放也不影响拿取。可以固定住打开着的盖子,拿取时互不影响,不论什么尺寸,盒子的高度是一样的,方便组合。

Serial 品牌的丰富迷你盒

用来存放例如孩子小时候的鞋之类的不常用的物品非常合适,因为有盒盖,即使一段时间不用也不用担心落土并且可以摞着放,省空间。

Entrance

玄关

小物品

用宜家的盒子放拖鞋

拖鞋放入摆放在玄关的宜家品牌的盒子中。曾经有过客人来时,叫孩子给客人拿拖鞋,被问在"哪呢?",让我很吃惊,为了防止这种只有我知道物品在哪,而家人不知道的事再发生,马上在盒子上贴上标签。

玄关处放出门时应携带的物品以防遗忘

手绢、钥匙等物品放在玄关的储物盒中。虽然也许不需要每天带着的物品,例如户外用的口罩、折叠伞等也固定放在此处,这样也能防止把在家中不用的物品带入起居室。

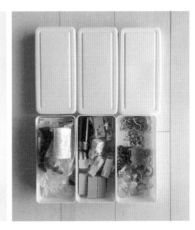

也许哪天会用到的物品只保存三年

对于一些也许什么时候会用到,例如螺丝钉以及工具、电池等均放入摆放在玄关处的收纳盒中,或放入空的铁罐、玻璃瓶中。对于不好判断的物品,三年后做一次再评价。

Entrance

玄关

拖鞋箱

自制的带轱辘的鞋架，既拿取方便，又使玄关看起来很整洁。

让玄关更方便的储物方法

玄关拖鞋柜，用两层来放小孩的鞋，上段的盒子中放旅游鞋、校服鞋、雨具、园艺用具、口罩等物品。这些物品都是有可能在玄关穿上鞋后，又会想起。"啊，忘了……"的物品，放在玄关处会使出门携带更方便。

利用挂毛巾的竿放夏季拖鞋

总在考虑如何存放一直放在外面的夏季拖鞋，想到的方法就是在鞋柜门的里面安上磁贴式的挂毛巾竿，打开竿，将拖鞋插挂上即可。磁贴比粘贴更结实，还可以有效地利用空间，一举两得。其实这是在装修前，对于当时很小的玄关而采用的方法，非常方便，所以现在也还在用。

用多层黑色盒
存放鞋

对于一个五口之家的鞋的存放来说，因为鞋和衣服是匹配的，所以在更替衣服的同时也要确定鞋是不是应该更替。在鞋柜里的高处的鞋盒中放入使用频率比较低的鞋和物品，鞋盒的上面有一层黑盒架，里面放着不希望孩子触摸到的杀虫剂等。

左边放鞋，右边放拖鞋和小物件

鞋柜的左边放着大家的鞋。右边放着大家的拖鞋及客人用的拖鞋、帽子、手电、折叠伞、鞋拔子等，并把放家中不常使用的小物件放在鞋柜右边的网式储物架里。

Kitchen

Closet

Sanitary

Entrance

Other Space

Kid's Item

Cleanup

Entrance

玄关

雨伞

安棍挂伞

在存放鞋的墙壁处,安一根从宜家买来的棍,用来挂伞。在棍上挂一些S形挂钩来挂折叠伞和鞋拔子等物品。这样伞不用放在地上,既解放了地板空间又显得整齐,拿取还方便。

用垃圾盒放伞

玄关的储物架的上端放着孩子们的户外玩具,下端放两个垃圾盒,右边放扫除用具,左边放伞。这种盒子高矮合适并且是可清洗的材质,非常便于清扫。

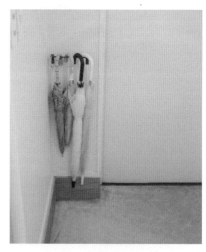

毛巾挂杆上挂一定数量的伞

伞立在地上既占地又显得凌乱。我们在大门的边上自行安装了一根挂毛巾的竿用来挂伞,因为可挂伞的空间有限,所以不会有雨伞不断增加的烦恼。

Entrance

玄关

其他物品

好用的鞋盒

照片中的玄关鞋柜只存放应季的鞋,这些鞋都放在鞋盒中,既好确认又方便收拿。小孩的户外玩具还是原样放在篮子里。

在玄关去掉花粉和灰尘

玄关有临时挂衣处。回家后把外套在这挂一个晚上,能去湿气和花粉,第二天一早用蒸汽电熨斗熨一下,再阴干就可以有效地去除湿气和花粉了。

玄关是存放日用品的仓库

玄关边上的储物柜的上面的盒子中放着洗涤剂、手纸等日用品的篮子。下面放着空气清洁器和加热器。如果这个冬天没用上的话,可以考虑是否要处理掉。

Kitchen

Closet

Sanitary

Entrance

Other Space

Kid's Item

Cleanup

Other Space

其他

书类的摆放

利用开放式柜子分存文书

家里开放式柜子带有很多的隔断,确实使用起来非常方便,笔记本、账本、记事本、重要信件及发票都可以存放于此。因为这是一个非常具有装饰作用的柜子,为了保持它的装饰效果,我们养成了经常整理的习惯。

用万事达标签来分类文件

起居室存放着所有家庭成员使用的物品。其中一角是为方便幼儿园或学校用的物品的存放空间。一年中经常用的文件放在硬式纸皮的文件夹中,只需保存一个月的文件存放在单皮塑料夹中。孩子的物品单独用便签标识出来。

用带拉链的袋子来细分文书

利用带拉链的小袋细分保存,要付的账单、明细、医疗费、缴费明细等。计算机边上的看着像外语书的,其实是一时冲动时买的盒子,一直找不到用处,发现放这些带拉链的袋子正合适。

自制的文书临时存放盒

用再生纸和网格收纳盒,自制了文件存放夹,因为带有检索用的标签所以使用起来非常的方便,更因为文件夹的底部有足够的宽度所以可以大量存放临时文书。

Chapter_02　**112**

用墙挂袋，存放有用的通知、广告类文书

对于一个有三个孩子的家庭来说，常常会有大量的通知类的文书，如果都放到文件夹中的话，也有一定的工作量。因此孩子们从学校拿回来的通知、回执信息等均放入挂在墙上的阶梯式的口袋中，这样需要时可以马上拿出来确认，不用时也可以很容易地处理掉。

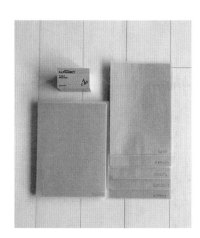

在透明的文件夹的表面添加表纸的方法来保存文书

孩子们的通知书之类的文书放入透明的塑料夹中，下面贴上每个孩子的标签作为区分。到达一定的厚度后再做清理，这是我家的一种文书的保存方式，如果用牛皮纸做封皮会使文件夹看起来更整洁。

电子文件和纸类文件同时保存

即使幼儿园的活动通知等信息都可以从专用的APP中查到，但还是习惯做一份纸类文件保留，将这些纸打孔加入文件夹中，每个月活动结束后做必要的清理。

Kitchen

Closet

Sanitary

Entrance

Other Space

Kid's Item

Cleanup

整个的抽屉都作为化妆品的存放空间

我早上的化妆都是在洗漱间进行的,除了化妆用品外,为了防止遗忘早上的用药及食用辅助食品,所以将这些物品也和化妆品放在同一个抽屉中。因为是放在抽屉里,为了便于收取尽可能地把用品立着放。

用可移动的盒子来存放

洗漱间放有一个硬塑料收纳盒,这个空间是放我的化妆品的空间。化妆用具、化妆镜、隐形眼镜等均放在其中。因为化妆用品都放在这个盒子里,所以每天可以拿着它们在不同的地方化妆,非常方便。

卸掉抽屉放入化妆品收纳盒

将洗脸池下面的两个抽屉卸掉,在此放化妆品。在收纳盒中放入修眉刀、口红、化妆品的备用品。其他的常用化妆品放入化妆包中。

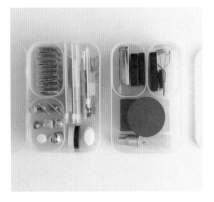

拿取方便的立式摆放化妆品方法

将化妆品立着放在盒子中。睫毛膏、眉笔等放入透明的毛刷盒中。好找又不容易翻乱,非常方便。化妆盒不用时可以摞着放,非常省空间。

Other Space

饰品

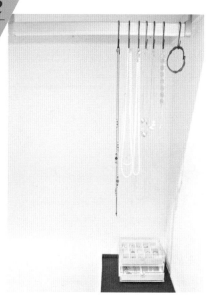

项链用挂钩挂起

耳环、戒指等放在盒中。在衣柜的挂衣横杆上挂上钩子，将颈链、水晶项链等直接一个个挂在上面，这样收取时非常方便。

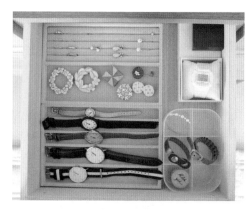

其他的饰品也定位存放

将饰品托盘和放首饰的小盒等一起放在抽屉里。用戒指与耳环相配的方式确定存放的位置，便于使用时挑选和拿取。

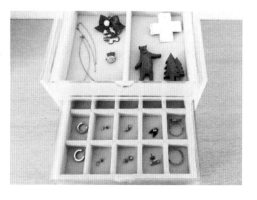

使用方便的收纳盒

最近又新增加了两个戒指。用非常喜爱的两层收纳盒，带盖子的收纳盒，并在盒中放入分割托盘来存放这些首饰。

Kitchen

Closet

Sanitary

Entrance

Other Space

Kid's Item

Cleanup

Other Space

其他

遥控器

在桌子下面存放

起居室的桌子下，固定放置电视、空调等的遥控器。抽拉纸盒也放在这里。使用时，即刻拿出，用完后即刻放回，使房间保持整洁。

用三层塑料柜存放

具有生活感的遥控器、抽拉纸放在三层的储物柜中。最下层的纸盒中隐蔽地放着剪指甲刀、棉棒、挖耳勺等生活用品。

放在和起居室风格相匹配的篮子里

电视遥控器、空调遥控器之类的物品集中起来放在小篮子里。这种篮子放在起居室也不会有不协调的感觉，而且还能整体移动。

一个动作即可取出收纳盒

找到了一个正好放电视遥控器的盒子，将其定位在电视柜的上面。因为使用频率高，且暂时没有特别好的固定的摆放处，所以就用这种方便拿出和放回的存放方式。

Other Space

其他

宠物用品

Kitchen

Closet

Sanitary

Entrance

Other Space

Kid's Item

Cleanup

存放在与起居室相匹配的木箱中

使用与厨房的储物箱一样的葡萄酒木箱。多余的木箱涂成和CD的外盒一样的颜色，存放卫生间的用品、玩具等。在木箱下面安上轱辘，方便移动。

壁柜的正中间做成兔子窝

因为以前壁柜算不上整齐，好好地收拾了一番，使正中间多出了一个空间，正好用作兔子窝。这里可以铺草，也可以换卫生纸。因为场地变大了所以可以更宽松地做事。

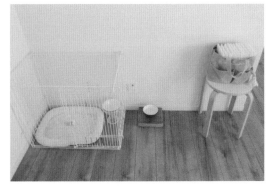

用和起居室有匹配感的存物包

起居室的一角是小狗的窝。边上空出一个走道，放有一个大手提包，里面放卫生纸、湿纸巾、玩具。用时可以马上拿出，放在起居室也没有不和谐的感觉，让人非常满意。

Other Space

其他

构思式储物

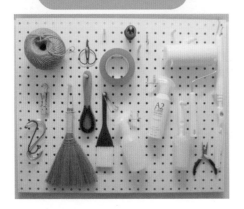

吊挂冲孔板式的储物

在楼梯下面空墙壁上挂了一个冲孔板,孔处不仅挂有挂钩,还买了可插的木棒。可以挂除毛和除臭的喷壶、地毯的清理液、胶带等物品,非常方便。

用网袋存放各种球类

玄关边上的鞋柜是放物品的地方。户外用的球、羽毛球拍等放在网袋中,挂在钩子上,玄关扫除用的扫把、簸箕也都挂在这。对于存放不稳定的球类来说非常的合适。

活动用具分类存放

和室的壁柜放着各种活动时的用品。同一种活动的用品放在相同的拉链的袋子中,并给袋子贴上标签,便于使用。

吸尘器的头立着存放在盒中

怎么才能让吸尘器的头比较容易收拿呢? 经过很多尝试,在百元店买了个盒子,自制了立着的筒,可以将吸尘器的头立着存放到里面。这样给吸尘器换头会变得非常轻松。

Kid's Item

儿童用品
衣物

Kitchen

Closet

Sanitary

Entrance

Other Space

Kid's Item

Cleanup

挂衣服的高度要符合孩子的身高

孩子房间的衣柜中的上段挂着外套类的衣物。应季的服装、常穿的服装都放在下段,女儿可以方便地根据自己的需要选。帽子和鞋子也放在女儿自己可以选的位置。柜子的右下放着女儿的相册。

壁柜的下段是女儿的衣柜

起居室边上的和室的壁柜,下段放着女儿的服装。其中安有挂衣棍,挂着上衣和手包。孩子虽然还小,但是为了一眼能找到,在每个抽屉表面也贴着自制的标签,因此孩子自己可以应对幼儿园的要求找衣服。在抽屉里也会放置分隔小盒,把衣服再作细分。

玩具

打扫收拾的能力是需要日积月累的。我们家对于打扫收拾的教育方针是"收拾干净了房间会舒服宽敞"。

对于收拾做，"支援""竞争""智力测试"

口头要求孩子收拾，他们最多也就能做到30%，这时还需要具体的指点。首先用智力测试的形式将散乱的玩具分类，然后再敦促孩子把玩具抱回玩具室，最终达到照片中的那种效果。"支援""竞争"时就随孩子们自己了。是想告诉孩子们，收拾不是因为惧怕父母生气，而是收拾干净了的房间会宽敞舒服。

因为图中这种硬布盒子比较轻，孩子自己就可以比较轻松地拿取。按孩子现在的身高，盒子放得稍微高一点就看不见了，所以在硬纸袋上放标签。

玩具用硬布与和篮子来分类

因为女儿还小，常用的玩具放在起居室边上的和室里。因为女儿每天在起居室画画，画具被放在收取比较方便的地方，使用大创的篮子，将笔立着放。孩子会随着每天的心情而玩不同的玩具，按照孩子今天的爱好，把当日用的玩具放入硬布盒或藤篮中，并放在好拿的位置，便于孩子自己拿取。

柜台下是玩具室

厨房的柜台的餐厅一侧是推拉门,现在是孩子的玩具室。里面放着各种储物盒,玩的时候可以将整个一盒玩具拿出来玩。我们家给孩子定的规矩是玩完一盒放回去后再拿其他盒子的玩具玩。

宜家可爱的舒法特玩具系列储物盒

关于孩子的物品的储物方式应该有孩子的特点!用宜家的舒法特玩具系列储物盒来储物,从外观上看着就很可爱,而且盒子可以放不应季的衣服、玩具等,不透明的盒身可以遮掩里面的物体,使女儿非常的满意。

收纳盒与起居室配色相和谐

起居室的边上是女儿的屋子,因为可以从起居室看见女儿的房间,与室内装饰相和谐的色调储物用具来存放玩具。右图就是为女儿自制的过家家厨房。

Kitchen

Closet

Sanitary

Entrance

Other Space

Kid's Item

Cleanup

Kid's Item

儿童用品

起居室的玩具

有很好的室内装饰
效果的架子

在商店订购的与沙发的高度相同的帕斯克硬
纸架，带轱辘，既轻又结实，能和起居室融为一
体，还有超群的储物能力。还可以在背面，按照
自己和孩子的喜好做装饰。

从正面看到的硬纸
架上面放着装有玩
具的塑料盒里。为
了更方便收拾，盒
表面贴着盒内存放
的玩具的图。

展现整套厨房玩具

作为室内装饰的宜家的整套厨房玩具没有放在孩子的房
间，而是放在了起居室。上段装饰棚的水槽中也可以存放
玩具，还用装布娃娃的大纸盒来装玩具，收拾时直接往盒
里扔就可以了。

左边是玩具锅和不粘锅，右边放的是
手画账本、小蜡笔，此处也是储物力
很强的地方。

这是一个装核桃的大袋子，可以将放
着小玩具的小袋子按自己的分类放
入这个大袋子中。这也可以作为孩子
根据玩具大小进行收纳整理的训练。

Kid's Item

儿童用品

学习用品

孩子自己也可以做去幼儿园的准备

孩子入园的必需物不能放在隐蔽处,原来我做的入园准备物品放在上边,现在移到下边,目的是让儿子一看就能把握和控制。挂包的挂钩是挂领带用的挂钩。

玩具和学习用品一起存放

这是孩子房间的支架。最上面放着孩子喜欢的玩具、地球仪,筐里放着教科书和笔记本;第二层放双肩背包和帽子;第三层放着教科书;第四层可以随意地放一些其他物品。

旧花台处放置双肩背包

在孩子的房间里设有自做的桌子和架子。原来预定在靠近桌子处用挂钩,来挂双肩背包,现在临时在旧花台处设了放置双肩背的地方。

选孩子小时可以用、长大以后也可用的家具

小学生不是在孩子房间而是在起居室学习,因为学生的专用学习桌椅总会有一天用不着的,因此家里的起居室选用了孩子长大以后也可以长期使用的家具。

Kitchen

Closet

Sanitary

Entrance

Other Space

Kid's Item

Cleanup

Kid's Item

儿童用品

婴儿用品和
小物品的存放

用稍微大一点的保温包放尿不湿和湿纸巾。将护理用具放在小包里。即使这样也还有可以改善的地方。

可移动的存储包

起初，卧室和起居室都各自放着放尿不湿的架子。一直在考虑能有什么不招灰、好收拾的方法来存放尿不湿。用包来存放尿不湿，既方便在卧室和起居室之间拿动，又方便回自己父母家或其他外出活动时携带。

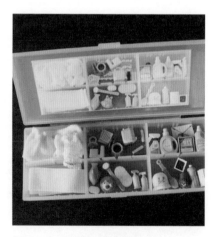

做了一个小玩具的存放空间

森贝尔家族的玩具越来越多，因东西小，很容易丢失，所以买了一个带隔断的储物盒，各个隔断都有照片，玩完了按照照片上的样子将玩具放好。收拾起来非常方便，女儿自己都可以收拾。

满满爱意的乐高袋

可以存放乐高玩具，渐渐地就叫它乐高袋了。我是从国外的网站上看到这个的，当时就觉得这个袋子很方便，但是一直就找不到自己喜欢的颜色，于是就自己动手做了一个。仔细看看还是有很多不如意的地方，但它包涵着我满满的爱。

Cleanup

清理

临时储物空间

父母家拿来的物品放在临时储物处

大家都会存有很多从父母家回来时带回来的东西,有保存用的容器、保温包等,这些作为临时物品都放在楼道里,这时可用可折叠篮子储藏就非常方便。

通知类文件存放在起居室

一年有效的文件放入文件夹中。当月有效的或短期有效的文件放在塑料的文件夹中。常用的文件则贴上标签,放入文件盒中,放在起居室的储物柜的正中间。

决定保存3年的贺年卡

决定保存3年的贺年卡。用百元店的盒子来统一保管,信件类的也暂时保存在这个盒子里,留下对方名字的部分分类存放,其他的部分用放在玄关处的碎纸机处理掉。

预定整理的物品临时保管

柜子中会收拾出来可能会不要了的物品,将这些物品放入临时储物袋中。如果没有再从袋子中拿出来的机会,就表示这些可以放心地丢弃了。

Kitchen

Closet

Sanitary

Entrance

Other Space

Kid's Item

Cleanup

Cleanup

可再利用物品

不穿的衣物放到壁柜的盒子里

女儿穿小的衣服或是别人送的衣服的礼物，因尺寸比较大，一时还穿不上。将它们按尺寸、衣服的种类分类，贴标签分别放入拉链袋，再放入盒中。这样要送人时，直接和拉链袋一起送出，非常方便。

临时保管，犹豫是不是需要处理的物品

事先确定犹豫物的存放地。犹豫物放入犹豫物存放地的临时保管盒中，决定放弃的衣物统一放入一个盒子中，该盒子满了就送到再利用物收集处。不用的、比较高档的衣物或是不穿的礼服会单独存放，可以拿到学校组织的可再利用物品买卖场。这种分类存放方法可以使再利用衣物处理更加顺利。

崇尚简单明了、便于挪动的储物理念

从小就喜欢收拾。因为不喜欢翻来翻去地找东西，所以非常重视高效的储物方式。每个物品都有固定的摆放位置，并且在这个位置只放可以放得下的数量的物品。

当然，可以整齐地摆放而且拿放方便也是很重要的一点。

在处理物品时，一定是选今后用不着的物品，或说想不出有什么使用机会的物品。

Ryoko女士

家庭成员：丈夫、2个儿子（10岁、7岁）
住房：独栋

与其强调自家特点，不如追求生活方便

为了更好地把握物品，采用一处集中储物的方式。过去曾有过储物空间占用过多，清扫时非常辛苦的记忆，所以储物时做到尽可能简洁。但即使是这样对于一年不用的物品也要处理掉。

因为自己的喜好这几年都没有什么太大的变化，所以是凭直觉购物。但是会时刻考虑着有没有摆放空间的问题。

Noi女士

家庭成员：丈夫、2个女儿（4岁、2岁）
住房：独栋

我在储物时比较注重是否方便清扫

个人认为总是按一定规则来收拾或整理就失去了生活乐趣。不能等到感觉到使用不方便了或说感觉东西太多时再整理。整理虽不是我擅长的事，但是我会让房间总保持一定的空间便于通风。

因为自己整理自己用的空间，所以储物以自己方便、拿东西顺手为原则。但是喜欢统一储物用具的颜色和材料，即使是大概齐也给人一种整洁感。

Tmko tomokao女士

家庭成员：丈夫、儿子（8岁）、女儿（6岁）
住房：独栋

家庭成员的拿放需求就是储物的基准

我会很关注每一个家庭成员对物品的拿放需求、使用频率、谁用了什么等情况，并进行分析，在此基础上考虑合理的储物方式。整理好了之后又会慢慢地变乱，这时我会考虑是不是物品太多了？储物方式不符合使用需求了？我会在考虑家庭生活节奏的基础上去随时改善储物状况。放弃物品的标准就是会不会这件物品给你带来心跳。喜欢的东西你会希望长期持有，这一点非常重要。

Nozo女士

N02

家庭成员：丈夫、女儿（4岁）、儿子（未满周岁）
住房：独栋

Part 02

考虑自己拿放需求的储物
没有压抑感

开始没有压抑感、充分考虑自己使用方便的储物
生活。我比较反感烦琐，所以喜欢将常用的物品
放在可见的表面，按照自己拿放方便的原则来考
虑储物。

另外，在处理物品时，常常很难做到一下就给扔
掉，所以我会选择把物品拿到跳蚤市场、回收店
等转让给需要的人。

Urya 女士

家庭成员：丈夫
住房：公寓

保有简单、有设计感的
生活情趣

开始了以家庭生活为中心的、心装所有家庭成员
的储物生活。处理物品时即使认为不需要了，也
先存放一年，如一年后也没有用到就处理掉是我
们家的处理物品的原则。

储物时充分考虑流线感，因为流线感会给人整洁
的感觉。购物时当然最重要的是考虑物品的实
用性，但是选择物品时最好找设计不夸张的。在
找到心怡物品前不买替代品。

TNK女士

家庭成员：丈夫、儿子（9岁）、
女儿（2岁）
住房：独栋

目标是使每一个家庭成员
都把握家中的物品

每年在春季和秋季对家中储物进行调整。在一
个储物地找到5个不要的物品，连续找3周，这样
家中的物品留下的就都是必需的了。大家也都
把握家里都有什么物品了。

在家里如果有"那个没了""跑哪去了""为什么不
放回原处"这种声音，家庭的氛围就会变得紧张，
所以目标不是只有自己知道，而是每一个家庭成
员都能很方便地使用。

Ookisatomi女士

家庭成员：丈夫、2个儿子（13岁、11岁）
住房：独栋

一月一次，
家庭成员确认不用品是关键

希望我们家能做到快乐地收拾、扫除。我和丈
夫都不喜欢烦琐、不擅长拿放，所以我们选择简
单的储物方式。重要的是在好拿放的位置放常
用品。

将虽然不用了但还是想放着的物品，先和常用品
隔离开。对于有纪念意义的物品来说，每个人都
有自己需要纪念的物品，如果要扔，一定要事先
和大家商量。每月1~2次在垃圾收集日之前确认
是否有不用的物品是我们家的规矩。

Aoi女士

家庭成员：丈夫、女儿（6岁）
住房：独栋

不是为了扔物品，
而是处理不要的物品

我家没有扔物品的规矩。一直没有考虑要扔什么，突然有一天觉得该物品不需要了，这时就可以处理了。

储物绝不仅仅是放置物品，而是要考虑拿放方便、使用方便及美感。不是说一个物品放在某处就一直放在那，它的位置应该随着生活的变化而变化。这样随时都会有生活的情趣，正在探索和现在的自己相符的储物理念。

Mameyome女士

家庭成员：丈夫
住房：公寓

为了使用方便而必须将
最低限度要用的物品立着放

因为是被公司派往异地，为了方便搬家，我对必须的最低限度的生活用品产生了兴趣，这也成为我选择型储物的开始。储物的规则就是尽可能地将物品立着放，这样既方便寻找又方便拿放。在买必须品时至少要考虑一个星期。防止冲动型购物，充分考虑是不是真的需要、能不能长期愉快地使用，有效地防止购买不需要的物品。

Kozue女士

家庭成员：丈夫
住房：单位宿舍

犹豫时暂时保留
是我们家的快乐储物的规则

通过学习快乐生活、能够做到，现在的生活需要选择真正的必需品。与其说是丢掉物品不如说是有了保留必要物品的标准，当然不要的物品也要放手。

即使这么说，仍然拥有很多很多的物品，将它们分为常用品和犹豫品并且分开存放。定期对这些物品进行重新审视，这样的过程使储物既没有什么负担还很有愉悦感。

Haradahiromi女士

家庭成员：丈夫、长子（7岁）
住房：独栋

整理与储物的前后对比
Before → After

村上直子

除了在杂志上介绍装饰及存储与收拾的理念外,现在私人住宅的收纳咨询方面的工作量也非常大。快乐储物及储物用具的引入方法的建言已成为工作的主题。

村上直子女士的收纳建议

首先从扔掉现有物品的三分之一开始。

开始整理时没有什么明确的想法也无妨,不做极端努力也无妨,只要想着扔掉三分之一,这样就可以很轻松地开始了。比如有三个类似的碗就扔掉一个,只保留和家庭成员人数相匹配的数量等,也许会担心是不是太少了,正因为保留这样的数量,才能达到简单生活的目的。

还有,为了追求更简单的生活,有必要造就一个不太容易增加物品的环境。无论是厨房的空间还是客厅桌子上的空间,大家都会习惯性的往外或往上摆东西,首先要做好最低限度的往外摆东西的心理准备。

最终仅厨房就整理出8大袋不需要的物品。

Case 1 放调味料的空间与水池周围的可视存储与非可视存储的考虑

调 味 料

常用的调味料去掉包装盒，集中放在一起，会提高做饭的效率。

厨房有常用的盆等厨具，还有放得很零乱的调味料。使用时很难区分用哪个、不用哪个。

重点

❶ 油和调味料放在不起眼的地方。

❷ 刮刀和铲子比较常用，放在显眼的地方。

❸ 小的调味料去掉包装盒会更方便使用。

不是为了减少物品，而是合理地调整调味料和做饭用具的存放位置，将刀和铲子等放到显眼的位置。

水 池 周 边

常用品、酒精消毒液等去掉商标，可更美观地储物。

水池边上是放配料的地方，放置过多的杂物会给人一种这里需要打扫的错觉，有点得不偿失。

重点

❶ 水池边上尽可能不摆放物品。

❷ 冰箱附近只摆放必需品。

❸ 滤水篮只在使用时拿出来。

如果起居室出来最先看到的水池边上非常清洁的话，就会觉得很舒服。滤水篮在不使用时要收起来。

活用碗柜和吊棚的空间
来实现高效存储

碗柜

将家里所有的碗碟都拿出来，按以上的区别来确定各个碗碟的作用，从而达到彻底区分。

❸ 下层，摆放基本不用的碟碗和玻璃杯。

❷ 中层，摆放偶尔用的碟碗和客人用的茶杯。

❶ 上层，摆放每天用的碟碗和大家的茶杯。

看起来很整齐，而且是按照碗碟的种类来存放的。如果按照目的和使用频率来存放，会起到使用方便的效果。

分放的思维方式就是区别"常用""偶尔用""客人用""不同季节用"，使碗柜既装的不满又能明确整体的位置。

吊柜

对于高处的物品够着不方便，很容易将不常用的东西都放进去，导致储存很多没用的东西。

重点

❶ 即使有地方也要一个隔断只放一个东西。

❷ 将便携式炉台去掉包装后放入吊柜。

❸ 柜中的收纳盒应该做到一次就可以拿出。

吊柜的后面会有一些空间，但因为不太容易掌握后面放了什么，所以每个格子只放一件物品或是用收纳盒来统一存放物品。

严格筛选放炉台下和台面上的物品

炉 灶 下

虽然已经用文件盒来分类了，但是摆着放的相似的锅的数量太多了，不好拿取。

重点

❶ 为确保能看到底，所以最多只用 70% 到 80% 的空间。

❷ 常用的物品用一个动作就可以拿放。

❸ 确保只放使用频度高的物品。

家里会有多个相似的锅，但其实常用的也就一两种。要确保常用的锅放在此处。

台 面 上

虽然整理得非常整齐，但把水池边作为什么都能放的空间来使用，有违共享空间的理念。

重点

❶ 与厨房无关的物品不放在此处。

❷ 微波炉的内置铁板放到不起眼的地方。

❸ 用小饰物来调节气氛。

因为此处是共享的区域，为了更好地实现共享空间的功能，周边不放其他物品。

做好大家一起动手的环境

　　做每一餐时,如果能有孩子帮忙该是一件非常快乐的事,还有在繁忙的早上如果丈夫能帮助研磨一杯他自己用的咖啡,将会是一件非常开心的事。但现实是,做饭的我们不能叫在身边的孩子帮忙,因为咖啡豆放在了只有自己才知道的地方,所以也没法叫别人帮忙。

　　这时如果将刀叉餐具放到远离灶台且放到碗柜的底端架子上的话,孩子和妈妈不会在厨房有冲突的走向,大家互不干扰,还可以规避危险。早上会用到的咖啡与糖、牛奶放在一起,这样丈夫也可以自己研磨咖啡。

　　这样就形成了家族成员都在做事而且大家互帮互助、互相感恩的氛围。

用贴着标签的盒子来储物,一眼看去似乎整洁了,但物品放得快溢出了。

架子的中段设计的是放置孩子用品的空间,为了小朋友来时能顺利地把勺子和杯子、擦嘴的毛巾等拿出来,将这些物品一起放在这里。丈夫每天喝的补充蛋白质的营养品与混合器放在一个盒子里。

不被传统禁锢，以使用方便为原则进行综合存储

做盒饭的用品单独放置

做盒饭的用具，两个孩子分别放。弟弟的盒饭需要每天做，但姐姐的盒饭只是偶尔做，所以两个人的盒饭用具的存放地也分开，每天需要做的是放到离水池子比较近的抽屉里。偶尔做的盒饭用具放到盒中，存放在架子上。

按照用途来分放不同的储物盒

容易乱的物品一起收到一个盒子里。"做水果的器具""做点心用的小物件""客人用的餐具"都放在一起，使用时不用找就能一起拿出来，非常方便。

有用的物品成套摆放

将做寿司的桶、卷寿司的用具、专用饭铲作为一套物品来保存，也是为了防止物品丢失，同样电饭煲边上放着和它配套用的饭铲、饭碗，大米就放在这个下面，这样可以不做无效的移动。

炉灶附近放着成套的调味料。物品放在托盘中打扫时会非常轻松。

Kitchen

厨房

重点

❶ 不使用备用的容器

❷ 决定收或取的物品

❸ 常用物品放在前面

将每天都要使用的餐具朝着清晰明了的方向整理

厨房的备用空间常常被存放一些没有什么用的物品,不提倡存放这类备用物品。构造适合每个人自己的储物空间,更方便使用。储物用的收纳盒价格也不贵。

考虑两个以上的饭勺的摆放位置,收起一个,留一个常用的放在电饭煲的边上,这样就不会挤着放了。

物品的摆放位置是将常用的放在前面、不常用的放在后面,这样拿起来比较顺手,刀叉盒也比较容易保持清洁。

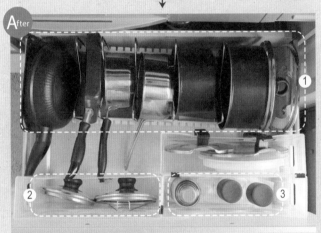

想用的锅
一次就能拿取

重点

❶ 锅不是摞着放，而是立着放。为了拿放方便，

❷ 盖子用书类分割盒来放。

❸ 油壶也放在书类分割盒中。

对于比较随意的我，慢慢摸索出了立着放锅的方法。比起以前摞着放锅时的方法，立着放一次就可以拿放。用书类分类盒放锅盖，使每个锅盖的存放位置井然有序，做饭时的心情也变好了。

把油壶放到抽屉里，就不用担心搞脏周围的问题了，再加上放入到书类分类盒中，即使脏了，书类分类盒也是可以整个清洗的，非常方便。

将吊柜作为食品的仓库，看起来非常整洁

重点

❶ 装入盒中一起存放。

❷ 不做过细的分类式的管理。

❸ 按类贴标签。

把装在盒里的食品放在吊柜里统一存放，确保不买多余的东西。日常不用考虑这个东西在哪呢，该是一件多么轻松的事。盒子中的物品不需要做过细的分类，只需做"投入"储物，放取方便。每个盒子是分类的，只要将每个盒子都认真地贴好标签，家人就能对何物在何处一目了然了。

重点

❶ 常用的餐具放在下面。

❷ 盘子立着放便于收取。

❸ 轻的物品放在上面。

常用的碗碟放在下面，不常用的放到库房的盒子里

吊柜悬挂在手够着比较难的高处，它的后面也不容易看到。可以放一些不用的盘子和杯子。干脆吊柜的下层放餐具，第二层以上存放不常用的盘子、餐巾纸、干货的储物盒。如选用不带盖子的储物盒，可以一次收拿物品，非常方便，另外像大盘子这样较大的餐具立着放，这样使用时好找又好拿。

Living Room

起居室

从上到下有很大的储物空间,有点犹豫不定在哪放什么的情况下,决定按视线摆放。例如立着的书如果正好放在平视就可见的高处的话,选书必然就比较方便。急救箱、电池等备用品放在低视线的位置,因人的视线一般是从上往下看,这样比较好做备品的库存管理。

因纸质的储物盒耐用性不好,所以选择比较结实的塑料盒,用不带盖的盒子取物时更方便。

重点

① 看不见的位置摆放不带盖子的盒子。

② 不用纸盒,而用结实的塑料盒。

③ 物品的摆放位置要考虑视觉感受。

物品的摆放
因为擅长考虑视觉感受
所以储物简单

Kid's Space

儿童房

玩具盒既便于孩子们玩又好收拾

重 点

❶ 玩具分两类放在壁柜里，收拿都方便。

❷ 用盒子来存放物品比较好拿取。

❸ 物品摆放两列不浪费空间。

并不是所有的玩具都放到孩子的房间，不常玩的第二类玩具会被放在壁柜中。这样就不会有只增不减，玩具横行的事发生了。壁柜里放着几个盒子，收拾好凌乱的玩具，孩子既好拿又好收拾，另外壁柜有一定的深度，会有富裕的空间，正好可以存放孩子的比较正式的作品。

Closet

壁柜

早上的准备
在壁柜中就可以完成

重点

① 常穿的衣服集中放。

② 裤子挂在衣架上。

③ 衣服按开／闭分类（即上班／休闲）。

　　常穿的衣服集中放置。另外，上班装的职业装和平时穿的休闲装分开放，减少精神压力。非应季的衣物放在上面。

　　放在下面的裤子尽可能地移放到上面挂着的衣架上。这种重视存放的方式，减少了"脱了往那一扔"的坏习惯。另外，衬衣和上衣均放在同一个壁柜中，这样的好处就是早上的准备工作在同一个壁柜中就可以完成。

用衣架挂衣服，做到可以展示的壁柜储物

整理衣服，成功地在一个壁柜中放进了丈夫、我、女儿的衣服。全家人的衣物都集中在一个壁柜中，非常方便收放洗好的衣物。

另外，衣服都挂在衣架上可以看得见，这样可以有效地避免重复购买类似的衣服。衣架的种类能按颜色来区分的话看着就更整齐了。

过季的衣服放到透明盒中，为了看着美观，可以在盒内贴上厚纸。

内容提要

　　我们的家似乎一直被各种物品堆得满满当当，让生活在其中的我们总是感觉空间逼仄并且杂乱无序。偶尔心血来潮将家里的物品进行统一收纳时，却缺乏条理，只是让物品排列在一起，需要使用的时候可能又不方便拿出来。本书作者立足"好收好拿"的需求，以 10 个家庭为例子，详细介绍了可以提高生活舒适度的收纳技巧，释放出家的大量空间！

北京市版权局著作权合同登记号：图字 01-2018-4417 号

すっきり暮らすための収納のコツ

© Shufunotomo. Co., Ltd. 2016

Originally published in Japan by Shufunotomo Co., Ltd

Translation rights arranged with Shufunotomo Co., Ltd.

through CREEK & RIVER Co., Ltd. and CREEK & RIVER SHANGHAI Co., Ltd.

图书在版编目（CIP）数据

　　让生活更舒适的收纳技巧 / 日本主妇之友社著 ； 韩建平译. -- 北京 ： 中国水利水电出版社，2020.4
　　ISBN 978-7-5170-8468-6

　　Ⅰ. ①让… Ⅱ. ①日… ②韩… Ⅲ. ①家庭生活－基本知识 Ⅳ. ①TS976.3

　　中国版本图书馆CIP数据核字(2020)第046801号

特约插画师：Saito Kiyomi

策划编辑：庄　晨　　责任编辑：王开云　　加工编辑：白　璐　　封面设计：梁　燕

书　　名	让生活更舒适的收纳技巧 RANG SHENGHUO GENG SHUSHI DE SHOUNA JIQIAO	
作　　者	[日]主妇之友社　著　韩建平　译	
出版发行	中国水利水电出版社	
	（北京市海淀区玉渊潭南路 1 号 D 座　100038）	
	网　址：www.waterpub.com.cn	
	E-mail：mchannel@263.net（万水）	
	sales@waterpub.com.cn	
	电　话：（010）68367658（营销中心）、82562819（万水）	
经　　售	全国各地新华书店和相关出版物销售网点	
排　　版	北京万水电子信息有限公司	
印　　刷	雅迪云印（天津）科技有限公司	
规　　格	148mm×210mm　32 开本　4.5 印张　197 千字	
版　　次	2020 年 4 月第 1 版　2020 年 4 月第 1 次印刷	
印　　数	0001—5000 册	
定　　价	45.00 元	